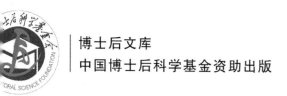

博士后文库
中国博士后科学基金资助出版

# 管道环境载荷与力学响应

张 杰 著

科学出版社
北京

# 内 容 简 介

本书系统地研究了管道在介质环境、地质灾害及第三方活动等复杂服役环境下的失效形式；建立了管道冲蚀、腐蚀、流致振动、地震、山体滑坡、落石、采空塌陷、机械挤压、基坑开挖、悬空、爆炸载荷、地面压载等环境载荷下的管道力学模型，揭示了不同工况下管道力学行为及失效机理。

本书可为天然气、氢气及石油管道的设计、铺设、评价和运维等提供理论基础，可作为新能源科学与工程、机械工程、油气储运工程、过程装备与控制工程、海洋工程等专业的本科生和研究生参考用书，也可供管道领域工程技术人员参考。

**图书在版编目(CIP)数据**

管道环境载荷与力学响应 / 张杰著. —北京：科学出版社，2022.9
（博士后文库）
ISBN 978-7-03-073097-8

Ⅰ.①管… Ⅱ.①张… Ⅲ.①管道工程-载荷 Ⅳ.①U172

中国版本图书馆 CIP 数据核字（2022）第 163913 号

责任编辑：罗　莉 / 责任校对：彭　映
责任印制：罗　科 / 封面设计：墨创文化

科 学 出 版 社 出版

北京东黄城根北街16号
邮政编码：100717
http://www.sciencep.com

四川煤田地质制图印刷厂 印刷

科学出版社发行　各地新华书店经销

*

2022 年 9 月第 一 版　　开本：B5（720×1000）
2022 年 9 月第一次印刷　　印张：15 3/4
字数：338 000

**定价：198.00 元**
（如有印装质量问题，我社负责调换）

# "博士后文库"编委会

主　任：李静海

副主任：侯建国　李培林　夏文峰

秘书长：邱春雷

编　委：(按姓氏笔划排序)

# "博士后文库"序言

1985 年，在李政道先生的倡议和邓小平同志的亲自关怀下，我国建立了博士后制度，同时设立了博士后科学基金。30 多年来，在党和国家的高度重视下，在社会各方面的关心和支持下，博士后制度为我国培养了一大批青年高层次创新人才。在这一过程中，博士后科学基金发挥了不可替代的独特作用。

博士后科学基金是中国特色博士后制度的重要组成部分，专门用于资助博士后研究人员开展创新探索。博士后科学基金的资助，对正处于独立科研生涯起步阶段的博士后研究人员来说，适逢其时，有利于培养他们独立的科研人格、在选题方面的竞争意识以及负责的精神，是他们独立从事科研工作的"第一桶金"。尽管博士后科学基金资助金额不大，但对博士后青年创新人才的培养和激励作用不可估量。四两拨千斤，博士后科学基金有效地推动了博士后研究人员迅速成长为高水平的研究人才，"小基金发挥了大作用"。

在博士后科学基金的资助下，博士后研究人员的优秀学术成果不断涌现。2013 年，为提高博士后科学基金的资助效益，中国博士后科学基金会联合科学出版社开展了博士后优秀学术专著出版资助工作，通过专家评审遴选出优秀的博士后学术著作，收入"博士后文库"，由博士后科学基金资助、科学出版社出版。我们希望，借此打造专属于博士后学术创新的旗舰图书品牌，激励博士后研究人员潜心科研，扎实治学，提升博士后优秀学术成果的社会影响力。

2015 年，国务院办公厅印发了《关于改革完善博士后制度的意见》（国办发〔2015〕87 号），将"实施自然科学、人文社会科学优秀博士后论著出版支持计划"作为"十三五"期间博士后工作的重要内容和提升博士后研究人员培养质量的重要手段，这更加凸显了出版资助工作的意义。我相信，我们提供的这个出版资助平台将对博士后研究人员激发创新智慧、凝聚创新力量发挥独特的作用，促使博士后研究人员的创新成果更好地服务于创新驱动发展战略和创新型国家的建设。

祝愿广大博士后研究人员在博士后科学基金的资助下早日成长为栋梁之才，为实现中华民族伟大复兴的中国梦做出更大的贡献。

中国博士后科学基金会理事长

# 前　言

　　管道是实现石油、天然气、氢气安全输送的重要方式，被称为"能源动脉"，关系国家能源安全、经济发展和民生稳定。近年来，复杂服役环境下管道的腐蚀、冲蚀、变形、断裂等缺陷造成的失效事故多发，如 2013 年青岛管道爆炸事件、2017 年和 2018 年贵州晴隆段天然气管道两次爆炸事故，不仅造成了资源浪费、环境污染，而且危及人民生命财产安全，因此管道安全已成为社会公共安全问题。调查发现，复杂介质环境、沿线地质灾害和第三方活动是造成管道失效的主要因素。随着深层、超深层和非常规油气资源的勘探开发及大规模氢气的安全运输，管道面临的内部介质环境和外部服役环境更加苛刻，而现有理论和评价方法较难适应管道面临的恶劣服役环境，所以开展复杂环境载荷下管道的力学响应研究是实现管道安全运维的关键，可为管道的设计、铺设、评价和维护等提供理论依据和技术参考。

　　本书围绕输送介质、地质灾害、第三方活动等环境载荷，开展管道的力学行为和失效机理研究，主要内容为作者博士及博士后期间的研究成果，以及指导和协助指导研究生完成的部分研究成果。本书共分为 3 部分：第 1 部分为复杂介质环境，包括气固/液固环境下的弯管与三通管冲蚀机理、含复杂腐蚀缺陷的管道剩余强度评价、多弯管路系统的流固耦合特性；第 2 部分为地质灾害，包括地震、滑坡、落石、开采沉陷灾害下管道的力学响应；第 3 部分为第三方活动，包括机械挤压下管道的凹陷行为、基坑开挖对管道的力学影响、悬空管道力学、爆炸载荷下管道的动力响应、地面压载下管道的力学行为及落物冲击海底管道的力学行为。

　　感谢中国博士后科学基金资助出版。

　　感谢西南石油大学梁政教授对作者多年的指导，感谢张瀚硕士、谢锐硕士、陈阳硕士、张浩硕士、张澜硕士、梁博丰硕士、马军硕士、肖瑶硕士、易皓博士对本书内容的贡献，感谢团队研究生在本书成稿过程中提供的帮助。

　　由于作者学识有限，书中难免有不完善之处，恳请批评指正，以期推动我国管道力学基础理论研究的深入和发展。

# 目　　录

## 第一部分　复杂介质环境

## 第三部分 第三方活动

# 第 1 章　管道服役环境

我国管网跨越的地质条件复杂，管道沿线的地震、山体滑坡、地表沉降、塌陷、落石等地质灾害事故频发；人类施工作业、地下开采等活动频繁，在役管道保护措施缺乏，导致临近管道极易遭受第三方活动的影响而发生泄漏；随着深层、超深层和非常规油气资源的开发及氢能产业的发展，管道输送介质更加复杂，冲蚀和腐蚀严重，使管道承载能力降低、服役寿命缩短。

## 1.1　复杂介质环境

气藏中采出未经过净化处理的天然气常含有砂砾等固体杂质，在输送过程中将对管道内壁造成较为严重的冲刷磨损，使管壁减薄甚至刺穿，引发安全事故[1,2]。其中，弯头和三通等工艺组件作为管道系统中的薄弱环节，所受的冲蚀磨损更为严重[3]。

复杂的外界环境、内部流动介质极易造成管壁腐蚀，腐蚀破坏已成为长输管道的主要失效形式[4]。例如，架设管道暴露在大气环境中会受到大气腐蚀，此外湿度、氧含量及温度等环境因素均会影响管道的腐蚀程度[5]；土壤是一个包含固、液、气三相的复杂介质体系，内部充满了空气、水、盐离子及不同微生物等，土壤腐蚀成为埋地管道腐蚀穿孔的主要原因；海水中含有丰富的无机盐成分，是天然的多电解质溶液，相比陆上管道，海底管道的介质环境更加复杂，管内输送介质与管道内壁发生化学或电化学作用时将对管道内壁造成腐蚀，管内介质中含有 $H_2S$、$CO_2$、$SO_2$ 等腐蚀性物质，与水蒸气化合形成酸腐蚀管道内壁[4]。

管道运行过程中压力、介质流动时产生的湍流等复杂环境都将不同程度地加剧管道腐蚀[6]。

## 1.2　地质灾害

我国地域辽阔、地质条件复杂，而长输管道需要穿越多个地区，管道沿线地质灾害频发且较为复杂。根据地质灾害产生的原因，可将其分为三大类[7]：

（1）地壳内部构造引起的地质灾害，包括地震、地层塌陷、地面沉降、地表裂缝等。

（2）地壳外部构造引起的地质灾害，包括滑坡、泥石流、洪水、沙埋、风蚀等。

（3）特殊土体导致的地质灾害，包括湿陷性黄土、膨胀土、盐渍土、冻土等引起的灾害等。

根据统计资料，表 1-1 为我国主要管道沿线地质灾害分布情况。

表 1-1　我国主要管道沿线地质灾害分布情况[8]

| 地区 | 主要管道 | 沿线主要地质形态 | 主要地质灾害隐患 |
|---|---|---|---|
| 西部 | 西气东输(二线)、鄯乌线、格拉线、涩宁兰 | 塔里木盆地、天山、戈壁沙漠、青藏高原 | 滑坡、泥石流、风蚀沙埋、盐渍土、地震断层、冲沟 |
| 中部 | 西气东输、陕京(二线)、马惠宁、兰郑长 | 鄂尔多斯高原、黄土高原、山西山地、临汾盆地 | 滑坡、泥石流、洪水、采空塌陷、断层、黄土湿陷 |
| 西南 | 川气东送、忠武、兰成渝 | 川东、渝中和鄂西为主的低山区 | 崩塌、滑坡、泥石流、塌陷、断层 |
| 东部 | 西气东输、甬沪宁、仪长 | 黄淮海平原、长江三角洲、低地丘陵 | 地面沉降、地裂缝、采空塌陷、洪水 |

忠武输气管道和川气东送管道分别于 2004 年和 2009 年竣工并投产运营，它们穿越川东至鄂西山区，该地段为典型的地质灾害多发区。根据 2010 年对这两条管线的统计结果，发现管道沿线地质灾害发育量较大，主要为滑坡(含潜在不稳定斜坡)、崩塌(危岩、高边坡)和水毁(坡面水毁、河沟道水毁、台田地水毁)[9]，如表 1-2 所示。

表 1-2　忠武/川气东送管道沿线山区主要地质灾害(2010 年)[9]

| 类型 | 滑坡/处 | 崩塌/处 | 水毁/处 | 其他 |
|---|---|---|---|---|
| 忠武管道 | 23 | 22 | 1351 | 1 |
| 川气东送管道 | 48 | 42 | 341 | 0 |

对中缅管道安顺—贵阳段沿线进行地质调查，发现灾害点 34 处，主要为滑坡、崩塌、不稳定斜坡、地面沉降等(表 1-3)[10]，该地区管道沿线地质灾害发育相对集中、分布密度大。

表 1-3　中缅管道安顺—贵阳段地质灾害的统计结果[10]

| 灾害类型 | 数量/个 | 百分比/% | 面积/万 m² | 体积/万 m³ |
|---|---|---|---|---|
| 滑坡 | 3 | 8.8 | 0.7 | 5.2 |
| 崩塌 | 17 | 50.0 | 2.7 | 10.3 |
| 不稳定斜坡 | 4 | 11.8 | 0.6 | 4.1 |
| 地面沉降 | 10 | 29.4 | 0.4 | — |
| 总计 | 34 | 100 | 4.4 | 19.6 |

2002 年 7 月兴建西气东输管道工程，全长 4200km，沿线经过新疆、甘肃、宁夏、陕西、山西、河南、安徽、江苏、上海、浙江 10 个省(区、市)，跨越了青藏高原、黄土高原、山西山地、皖苏丘陵平原、长江三角洲等，沿线主要地质灾害类型如表 1-4[11]所示。

表 1-4　西气东输地质灾害统计[11]

| 灾害 | 新疆 | 山西 | 陕西 | 河南 | 甘肃 | 宁夏 | 安徽 | 苏浙沪 | 总计 |
|---|---|---|---|---|---|---|---|---|---|
| 滑坡/处 | — | 34 | 84 | 1 | — | 34 | 1 | 2 | 156 |
| 崩塌/处 | 3 | 45 | 6 | 1 | | | 5 | | 60 |
| 泥石流/条 | 2 | 15 | 84 | 1 | 83 | 24 | | | 209 |
| 盐渍土/km | 501.2 | — | 20.4 | — | 15.0 | 47.8 | | | 584.4 |
| 采空塌陷/处 | — | 19 | 5 | 63 | | 9 | 3 | | 99 |
| 地裂缝/处 | — | 32 | — | 11 | | | | | 43 |
| 地面沉降/km | | 15.0 | | 176.5 | | 182.9 | | | 374.4 |
| 砂土液化/km | | 14 | — | — | 85 | 38.3 | 20.9 | | 158.2 |
| 黄土湿陷/km | | 107.2 | 185.0 | 51 | | | | | 343.2 |
| 瓦斯爆炸/处 | | 2 | 2 | | | 2 | | | 6 |
| 黄土潜蚀/处 | | | 268 | | | | | | 268 |
| 膨胀土/处 | | | | | | 2 | 9 | | 11 |

地质灾害对管道工程的危害主要表现为两个方面：一是管道建设施工期间，地质灾害容易导致施工人员受伤、施工机具损坏；二是管道运营期间，地质灾害对管道本体及伴行路、阀室、站场和其他设施造成破坏[12]。地质灾害对管道的危害形式多，危害机理较为复杂，地质作用引起的地层运动和围土变形、管土相互作用及复杂力学行为使管道发生变形、断裂、弯曲、压溃、扭曲等失效形式，特别是近年来大口径管道的应用使围土作用下管道失效现象更加突出。

## 1. 地震

地震对埋地管道产生破坏的原因有两种：一是永久地面变形，虽然其影响范围有限，但能在较小范围内造成较大的相对位移，导致管道破裂或断裂失效，危害性极大；二是地震的波动效应，虽然其影响范围较大，但对管道造成的破坏相对较小[13]。

地壳岩层因受力达到一定强度而破裂，并在破裂面出现明显相对位移的构造现象称为断层，断层可分为正断层、逆断层和走滑断层三类。

地震作用下埋地钢管的破坏形式可分为三类：①管道破坏失效，主要有拉伸失效、局部屈曲失效和梁式弯曲失效三种失效模式[14]；②管道接口破坏失效，破坏形式与连接方式有关；③三通、弯头、闸阀和管道与其他构筑物连接处由于应变集中的运动相位不一致而造成的破坏[15]。

表 1-5 为在地震作用下发生的管道破坏事故。

**表 1-5　地震断层作用下发生的管道破坏事故[1, 8]**

| 地震灾害 | 时间 | 管道破坏形式 |
| --- | --- | --- |
| 尼加拉瓜马那瓜地震 | 1972 | 输水管道几乎全部被破坏 |
| 中国海城地震 | 1975 | 辽河油田 14 条输油管线有 29 处被破坏 |
| 苏联加兹拉地震 | 1976 | 管道折断、断裂、管体裂缝、接头脱落 |
| 中国唐山地震 | 1976 | 断裂、漏油、皱褶裂缝、弯曲 |
| 墨西哥 8.1 级地震 | 1985 | 煤气干管断裂引起爆炸、火灾 |
| 澳大利亚滕南特克里克地震 | 1988 | 煤气田管道被轴向压缩 |
| 美国兰德斯地震 | 1992 | 超过 360 根管道发生破坏 |
| 美国北岭 6.8 级地震 | 1994 | 大量油气管道破裂，引发数百起火灾 |
| 日本兵库县南部 7.2 级地震 | 1995 | 输气管道漏气引起火灾 |
| 中国云南丽江 7.0 级地震 | 1996 | 多处供水管道破裂、爆管 |
| 土耳其伊兹米特 7.8 级地震 | 1999 | 管道破裂发生原油泄漏引发火灾 |
| 中国昆仑山南麓 8.1 级地震 | 2001 | 输油管道出现破坏 |
| 美国阿拉斯加 7.9 级地震 | 2002 | 输油管道支持系统 10 多处遭到破坏 |
| 中国汶川 8.0 级地震 | 2008 | 兰成渝成品油管道停输 22 小时 |
| 俄罗斯远东 6.6 级地震 | 2011 | 中俄原油管道一度受损停输 |
| 中国台南市地震 | 2016 | 输水干管多条破裂，造成大约 30 万户停水 |
| 日本大阪北部发生 6.1 级地震 | 2018 | 水道破裂，涌水溢街 |
| 美国南加州发生 6.4 级地震 | 2019 | 引发火灾和管道破裂 |
| 中国台湾花莲连发 5.6 和 6.1 级地震 | 2021 | 管道破裂崩水 |
| 中国宁夏石嘴山地震 | 2022 | 供热管道爆管，热水气柱喷涌数米高 |

## 2. 山体滑坡

滑坡是指斜坡上的土体或岩体受河流冲刷、地下水活动、雨水浸泡、地震及人工切坡等因素影响，在重力作用下沿着一定的软弱面或软弱带，整体或分散地顺坡向下滑动的自然现象。运动的岩(土)体称为变位体或滑移体，未移动的下伏岩(土)体称为滑床。

滑坡对管道的危害主要表现为[12]：当管道在滑坡下部通过时，滑坡体对管道进行加载；当管道在滑坡中部通过时，管道因承受滑坡体巨大的拖拽力而发生弯曲变形、拉裂甚至整体断裂等失效；当管道在滑坡上部通过时，在滑坡体作用下管道出现悬空或被拉断。

表 1-6 为滑坡灾害下部分地区管道破坏事故统计。滑坡灾害处理费时、整治费用高，因而在选定管道线路时，应尽量采取绕避方案。对于一般易滑坡段的治理，可采取适当措施稳定坡体，或在滑坡体后缘修筑截、排、导水系统，以防地表水汇入滑坡体；在滑坡体前缘运用浆砌片石护坡，防止水流的侧向侵蚀，造成抗滑力减小，从而使坡体稳定，保证管道安全[7]。

表 1-6 滑坡灾害下管道破坏事故

| 管道 | 时间 | 灾害特性 | 破坏情况 |
| --- | --- | --- | --- |
| 格拉输油管道 | 1996 | 暴雨引发横向滑坡 | 管道砸伤、拉断、漏油、全线停输 |
| 巴西成品油管道 | 2001 | 暴雨引发土体滑动 | 管体产生裂纹、断裂、成品油外泄 |
| 绵阳中青线管道 | 2002 | 地产开发引发滑坡 | 管道撕裂 |
| 重庆开县气管道 | 2005 | 滑坡产生泥石流 | 管道被泥石流压断 |
| 重庆沙坪坝气管道 | 2005 | 施工、堆土引发滑坡 | 管道断裂，天然气泄漏爆炸 |
| 江油广元输气管道 | 2005 | 山体滑坡 | 弯头被拉断导致天然气泄漏 |
| 厄瓜多尔输油管道 | 2008 | 降水引发的滑坡 | 管道被切断，停止石油出口 |
| 浙江天然气管道 | 2008 | 堆土引发滑坡 | 管道断裂爆炸 |
| 西充县供气管道 | 2009 | 暴雨引发山体滑坡 | 供气主管破裂 |
| 巴中-南江输气管道 | 2011 | 暴雨引发山体滑坡 | 输气管道被压破裂，致使全城停气 |
| 泸州输气管道 | 2012 | 暴雨引发山体滑坡 | 泥石砸断管道，天然气泄漏 |
| 广元天然气管道 | 2013 | 强降雨引发滑坡 | 输气管道移位断裂 |
| 安塞至永炼输油管道 | 2013 | 强降雨引发滑坡 | 管道破裂、原油泄漏 |
| 西气东输管道 | 2015 | 深圳"渣土山"滑坡 | 管道爆炸 |
| 中石化重庆分公司柴油管道 | 2016 | 暴雨引发山体滑坡 | 管道拉裂，造成 18.5 吨柴油泄漏 |
| 湖北省恩施公龙坝村段西气东输天然气管道 | 2016 | 暴雨引发山体滑坡 | 管道爆燃，2 死 3 伤 |

续表

| 管道 | 时间 | 灾害特性 | 破坏情况 |
|---|---|---|---|
| 重庆涪陵页岩气管道 | 2016 | 降雨引发山体滑坡 | 管道被压错位致泄漏 |
| 安宁太平新城主供水管道 | 2020 | 山体滑坡 | 供水管道被冲断 |
| 伊朗马龙到伊斯法罕石油管道 | 2020 | 山体滑坡 | 石油管道断裂起火 |

### 3. 落石

落石是我国山区常发生的一种自然灾害，特别是西部山区油气管道沿线，具有分布范围极广、发生突然、发生频率高、难以预防等特点。

落石对管道的危害主要表现为两个方面：①崩落落石对管道产生冲击载荷，特别是在高程差较大的区域，落石冲击管道上方覆土产生巨大的瞬时冲击载荷，引起管道变形失稳甚至破裂泄漏；②崩塌落石破坏伴行路，中断交通，影响管道的正常维修防护等[16]。

落石灾害已成为影响忠武输气管线安全最严重的地质灾害之一，已发生数起落石冲击管道事件，其中重庆忠县段曾发生落石冲破地表 15cm 厚钢筋混凝土防护板，将管道砸出直径约 30cm 的凹陷[17]。经调查发现，兰成渝管道阳坝段沿线的主要地质灾害类型为崩塌、滑坡、泥石流和不稳定斜坡等，其中崩塌灾害占总数的 50%。受 2008 年汶川地震的影响，康县段阳坝发生体积近 1000m³ 的崩塌，其中最大块石直径为 4m，近 50t 的巨石将兰成渝管道接头处砸开，造成柴油泄漏[18]。据中缅管道云南段地灾评估资料，中缅管道沿线滑坡及不稳定斜坡有 186 处，崩塌 15 处，泥石流 16 处[19]，使得中缅管道成为我国乃至世界上建设难度最大管道工程之一。

### 4. 采空塌陷

在人为和自然地质的作用下，地表岩土向下陷落，并在地面形成塌陷坑(洞)的地质现象称为地面塌陷，其主要原因有地下水抽取致塌、渗水致塌、振动致塌、超载致塌、采空致塌等。一旦地表发生塌陷或沉降，将会造成埋地管道弯曲变形、悬空或断裂，从而带来安全隐患。

如采煤挖空导致平顶山油气管道发生扭曲变形；2005 年雨水冲击造成广东佛山地面塌陷，导致煤气管道破裂而泄漏；2007 年渗水致南京路面塌陷，导致天然气管道发生断裂爆炸；2007 年 10 月美国圣迭戈出现严重塌方，地面多处下陷导致管道扭曲破裂[8]；2010 年 12 月温州西山南路小区人行道沉降严重导致燃气管道接头焊接口出现应力集中突然发生断裂，造成大量燃气泄漏继而引发爆炸事故；2019 年 6 月山西煤层气(天然气)集输有限公司所属天然气管线通过某煤矿采空区段出现两处褶皱变形。

# 1.3　第三方活动

## 1. 机械挤压

施工作业中由于机具等硬物易碰撞管道而造成凹陷。当砾石层、硬岩层、软硬交错层等地层完成管道敷设施工后，管道与围土直接接触，随着地质条件的变化，周围砾石可能直接与管道接触，对管道造成挤压从而引发局部凹陷；裸露于地表的管道由于缺少防护，也易受到偶然载荷作用而产生局部凹痕或凹陷。

管道出现局部凹陷不但会破坏管壁的防腐层，造成管道过早发生腐蚀失效；而且易在凹陷部位产生裂纹，在内压和外载的共同作用下裂纹不断扩展，引起管道爆裂。同时，管内介质压力的变化可能导致凹陷部位的管壁发生疲劳失效。

## 2. 基坑开挖

对地下空间和设施进行开发利用，其首要工作就是基坑开挖。基坑开挖将导致坑内土体卸载，使土体的初始应力场进行重新分布，导致围土和围护结构变形、位移，引起地表沉陷，从而对邻近建筑和地下设施产生不利影响。尤其在城镇交通密集区的工程施工，稍有不慎就会出现工程事故。如 2010 年 5 月，深圳地铁太安站基坑施工引起周边居民楼及路面出现裂缝；2005 年 7 月 21 日，广州海珠区江南大道南珠城海广场基坑事故造成邻近宾馆倒塌；1994 年 9 月，上海昌都大厦基坑事故造成马路塌陷，地下所埋设各种管线遭受了严重破坏，煤气泄漏，交通中断。

## 3. 爆炸载荷

爆炸冲击对管道安全的威胁较为严重，根据爆炸源的类型可分为：并行天然气管道间泄漏致气云爆炸和炸药爆炸。

我国地域辽阔、山地较多、地形复杂，长输管道敷设时受地形和地质因素的限制，因此新建管道需要与旧管道定间距平行敷设，这种敷设方式增大了管道互相影响的概率，管间易发生泄漏扩散导致气云爆炸，形成冲击破坏。爆炸将对邻近管道造成影响，且可能导致相邻管道发生二次爆炸等次生灾害。

当进行地下工程或拆除爆破施工作业时，产生的冲击将会对临近埋地管道产生影响，这不仅削弱了管道强度，还可能使管道发生动态失稳，造成结构破坏。战争中各类武器、恐怖袭击、各种偶然性爆炸事故都是导致管道结构破坏的潜在因素，尽管其发生的概率小，但后果非常严重。

## 4. 地面压载

在我国城市建设和基础工业施工中，经常出现地面压载甚至超载情况，如在厂房、堆料场、路边、桥头路基等地方堆积大量原材料、垃圾等，甚至出现许多违章建筑物，从而导致软土地基产生变形挤压地下管道，使其发生不均匀沉降、变形等，最后引发安全事故。

地表压载对管道的主要破坏形式有[20]：①出现管道"盲段"，对其进行常规检测和维护较为困难；②管道截面变形，降低了清管器的通过性，易造成管道堵塞；③管道出现沉降变形，导致管道破裂，发生油气泄漏；④易破坏管道防腐层，加速管道腐蚀；⑤在一些违规建筑物中进行盗油、盗气等非法活动。

据中国石油天然气股份有限公司的初步调查，截至 2004 年 4 月 30 日，油气管道共有 23045 处违章建筑物。其中直接占压近 1.2 万处，管道两侧 5m 以内违章建筑物超过 1.1 万处[20]。四川油气田管线占压隐患达 4000 多处；西气东输甘肃段全长 982.5km，与道路、桥梁交叉点多达几十处，严重影响了管道的安全运行；中原油田天然气产销总厂管线违章占压 440 处；大庆油区内违章建筑 50640 户占压油气管线，面积达 233 万平方米；湛茂原油长输管线全长 115km，多处管段在车辆作用下发生变形，并加快腐蚀[20]。

## 5. 海底管道机械损伤

海洋环境复杂多变，海底管道需面对比陆地更恶劣的运行环境。不仅受腐蚀、波流冲刷、海床运动等环境因素的影响，且易受到来自人类活动的威胁，极大地增加了失效、损毁、泄漏等安全事故概率。

根据美国原联邦矿产管理局(Minerals Management Service，MMS)统计，1967～1987 年间墨西哥湾由渔业、航运及锚泊作业等第三方活动造成的失效事故约占 20%，由风暴、海床运动等造成的失效事故约占 12%[21]。1979 年 7 月，美国新奥尔良外一条隶属于南部天然公司的海底输气管道因被过往船只的船锚拖曳，发生破裂进而引起管线爆炸。1989 年 10 月，美国一渔船船尾不慎撞击海底输气管道致使管线破裂，引发火灾[22]。2006 年 10 月，美国路易斯安那州西科特布兰奇海湾一条水下高压输气管道因被掉落的驳船桩材撞击而引发火灾。2011 年 12 月，我国珠海市海域一条海底管道泄漏，造成数亿元经济损失，事后查明该事故由非法采砂船造成的机械损伤直接引发[23]。

# 第一部分

# 复杂介质环境

# 第 2 章　管道冲蚀磨损机理

管道冲蚀磨损的机理较为复杂，介质流体流速、颗粒浓度、颗粒直径、颗粒物性、管壁材料、颗粒撞击壁面角度等均会对管道冲蚀产生较大影响。数值仿真已成为冲蚀研究的主要方法之一，计算流体力学(computational fluid dynamics，CFD)方法主要有两种，一种是欧拉-欧拉方法，另一种是欧拉-拉格朗日方法。

## 2.1　气固两相流弯管冲蚀磨损机理

### 2.1.1　冲蚀磨损模型

#### 1. 离散相模型 (discrete phase model，DPM)

离散相模型主要追踪管内固体颗粒的运动轨迹。主要是在拉格朗日坐标系下，通过对颗粒所受到的力进行积分。当启用计算流体力学-离散相模型(CFD-DPM)时，做出以下假设：①管内流动属于稀流流动，即固相体积分数不超过 10%；②忽略固相颗粒体积；③不考虑固体颗粒的相互作用，颗粒之间彼此独立存在；④不考虑粒子破碎和变形；⑤不考虑温度变化。

管内两相流动中，流体所挟带固体颗粒需服从牛顿第二定律，颗粒上合力为

$$\frac{\mathrm{d}u_{\mathrm{p}}}{\mathrm{d}t} = F_{\mathrm{D}} + F_{\mathrm{G}} + F_{\mathrm{P}} + F_{\mathrm{VM}} \tag{2-1}$$

$$F_{\mathrm{D}} = \frac{18\mu}{\rho_{\mathrm{p}} d_{\mathrm{p}}^{2}} \frac{C_{\mathrm{D}} Re}{24} \left( u - u_{\mathrm{p}} \right) \tag{2-2}$$

$$Re_{\mathrm{p}} = \frac{\rho d_{\mathrm{p}} \left| u_{\mathrm{p}} - u \right|}{\mu} \tag{2-3}$$

$$F_{\mathrm{P}} = \frac{\rho}{\rho_{\mathrm{p}}} u_{\mathrm{p}} \left( u - u_{\mathrm{p}} \right) \tag{2-4}$$

$$F_{\mathrm{VM}} = C_{\mathrm{VM}} \frac{\rho}{\rho_{\mathrm{p}}} \left[ u_{\mathrm{p}} \left( u - u_{\mathrm{p}} \right) - \frac{\mathrm{d}u_{\mathrm{p}}}{\mathrm{d}t} \right] \tag{2-5}$$

$$F_{G} = \frac{g\left(\rho_{p} - \rho\right)}{\rho_{p}} \tag{2-6}$$

式中，$F_{D}$、$F_{p}$、$F_{VM}$、$F_{G}$ 分别为固相颗粒受到的阻力、压力梯度力、附加质量力和浮力（N）；$u$ 为连续相液体速度矢量（m/s）；$u_{p}$ 为离散相颗粒速度矢量（m/s）；$t$ 为时间（s）；$C_{D}$ 为阻力系数；$Re_{p}$ 为固相颗粒的相对雷诺数；$\mu$ 为连续相的动力黏度（Pa·s）；$C_{VM}$ 为虚拟质量因子，常取 0.5。

当管内介质为气固两相时，固相颗粒密度与流体密度相差很大，可忽略压力梯度力和附加质量力。当流动介质为液固两相时，压力梯度力和附加质量力不可被忽略。

### 2. 冲蚀磨损模型

冲蚀磨损模型可用来计算管道内壁上的冲蚀速率。造成壁面材料质量减小的原因主要有两个：剪切和碰撞。对冲蚀速率的计算可根据壁面减小的质量来判断，其定义是管道壁面单位时间、单位面积内减少的质量。冲蚀速率为

$$E_{R} = \sum_{i=1}^{N_{p}} \frac{mC(d)f(\alpha)v_{i}^{b(v)}}{A_{face}} \tag{2-7}$$

式中，$m$ 为颗粒质量流量（kg/s）；$C(d)$ 为粒径函数，与管壁材料有关，当管壁为碳钢时，取 $1.8e^{-9}$；$f(\alpha)$ 为撞击角函数，由用户进行自定义；$b(v)$ 为速度指数函数，一般取常数 2.6；$A_{face}$ 为单位壁面面积（m²）；$v_{i}$ 为颗粒流速；$N_{p}$ 为颗粒数量。

## 2.1.2　弯管冲蚀磨损

### 1. 数值计算模型

弯管的几何模型如图 2-1 所示。直管段长为 $10D$，直径 $D=60mm$，弯径比为 4，介质速度为 10m/s，质量流量为 0.001kg/s，粒径为 1mm，弯曲角度为 90°。

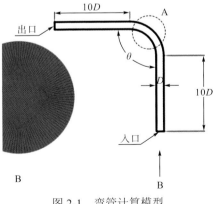

图 2-1　弯管计算模型

## 2. 弯管流场分布

弯管内截面的速度和压力分布如图 2-2 所示。入口直管段的流速相对稳定，流体压力沿流动方向以恒定速度减小。在惯性力作用下，靠近壁面的速度较小，管道中心的速度较大；当流体流过弯管时，流动方向迅速发生变化，弯管段外侧压力较大但流速小，弯管段内侧压力最小但流速非常大；大部分从弯管段外侧反射的流体改变了原流动方向，使外侧压力大于内侧；内侧出现负压且内侧到外侧的压力逐渐增大；出口直管段的流场逐渐稳定。

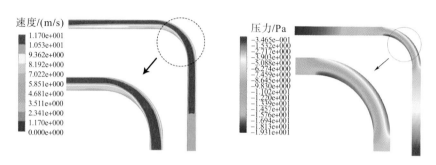

图 2-2　弯管内截面的速度与管壁压力分布

## 3. 流体速度的影响

如图 2-3 所示，弯管冲蚀速率均随流速增加而增加。当流速为 6m/s 时，最大冲蚀速率为 $1.45 \times 10^{-8}$ kg/$(m^2 \cdot s)$；当流速为 16m/s，最大冲蚀速率为 $1.68 \times 10^{-7}$ kg/$(m^2 \cdot s)$，相差约 10 倍。因此，流速越大，冲蚀磨损越严重。

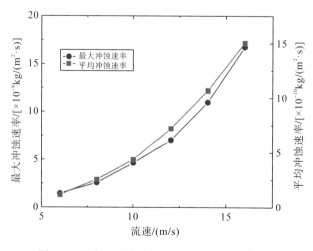

图 2-3　最大与平均冲蚀速率随流速的变化曲线

由图 2-4 可知，当流速为 6m/s 时，管道冲蚀程度相对均匀，但中心区域较为严重；当流速大于 10m/s 时，区域Ⅱ达到最大冲蚀速率；随着流速的增加，弯管下游管道开始发生严重的冲蚀磨损。

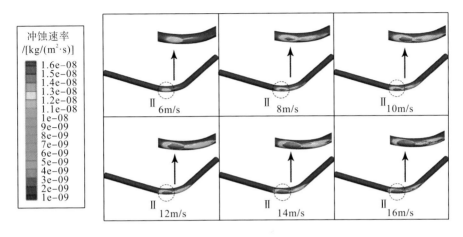

图 2-4　弯管冲蚀速率的分布

## 4. 颗粒直径的影响

弯管冲蚀速率随粒径的变化规律如图 2-5 所示。当粒径小于 0.0006m 时，最大冲蚀速率随粒径增大而急剧增加；当粒径大于 0.0006m 时，总体呈现增大的趋势，但增长速度变缓。平均冲蚀速率随粒径的增大呈先增大后减小的趋势。

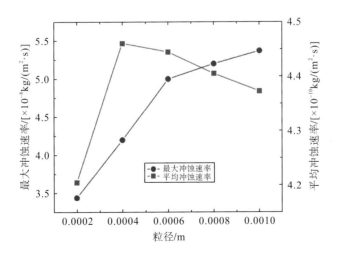

图 2-5　最大与平均冲蚀速率随粒径的变化曲线

　　图 2-6 中，当粒径小于 0.0004m 时，冲蚀区域随着粒径的增大而增大；弯管下游也从椭圆形区发散，形成"V"形区域；冲蚀磨损区域增大导致平均冲蚀速率出现突变。

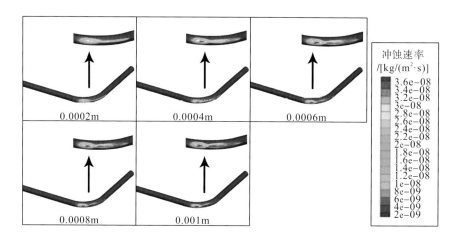

图 2-6　不同粒径下弯管冲蚀速率的分布

## 5. 弯径比的影响

　　如图 2-7 所示，当弯径比小于 4 时，其对最大冲蚀速率的影响较小；当弯径比大于 4 时，最大冲蚀速率随弯径比的增加而减小。当弯径比小于 3 时，平均冲蚀速率随弯径比的增大而增加；当弯径比大于 3 时，平均冲蚀速率随弯径比的增加而减小。

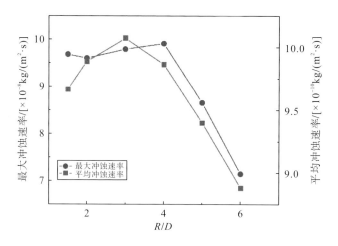

图 2-7　最大与平均冲蚀速率随弯径比的变化曲线

图 2-8 为弯管冲蚀速率分布。当弯径比从 1.5 增加到 3.0 时，严重冲蚀磨损区域逐渐减小，平均冲蚀速率逐渐增加；随着弯径比的持续增大，但整个冲蚀面积增大，平均冲蚀速率逐渐降低。

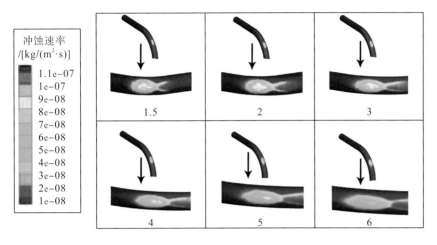

图 2-8　不同弯径比下冲蚀速率分布

## 6. 弯曲角度的影响

如图 2-9 所示，随弯曲角度的增大，冲蚀速率先增后减；90°时冲蚀速率最大，60°时平均冲蚀速率最大；当弯曲角度从 30°增加到 60°时，平均冲蚀速率增大；当弯曲角度从 60°增加到 120°时，平均冲蚀速率逐渐减小；当弯曲角度大于 120°时，平均冲蚀速率开始急剧下降。

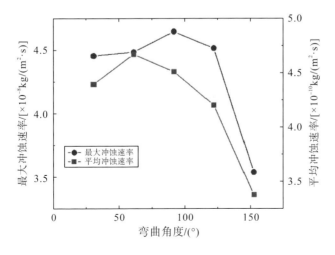

图 2-9　最大与平均冲蚀速率随弯曲角度的变化曲线

由图 2-10 可知，当弯曲角度为 30°～120° 时，除主磨损区外，还出现了局部冲蚀磨损区；当弯曲角度为 30°～60° 时，下游管道入口也出现了带状冲蚀磨损；当弯曲角度为 150° 时，只有一个冲蚀磨损区域。

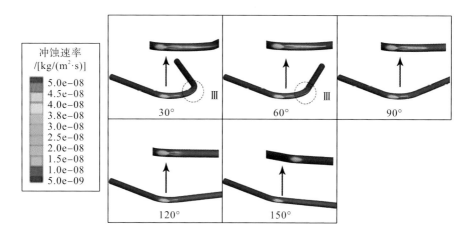

图 2-10　不同弯曲角度下冲蚀速率分布

由图 2-11 可知，当弯曲角度为 30°～120° 时，颗粒撞击管壁后主要沿两侧散射，形成分岔轨迹，冲蚀磨损呈 "V" 形分布；当弯曲角度为 30°～60° 时，由轨迹分离粒子在下游弯管处再次开始收敛，造成局部冲蚀磨损。

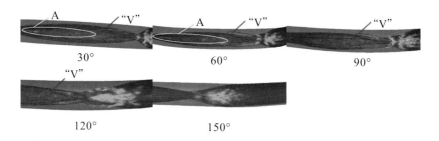

图 2-11　不同弯曲角度下颗粒的运动轨迹

### 7. 弯管直径的影响

如图 2-12 所示，冲蚀速率随管径的增大而下降。随着管径的增大，"V" 形冲蚀速率分布逐渐消失。

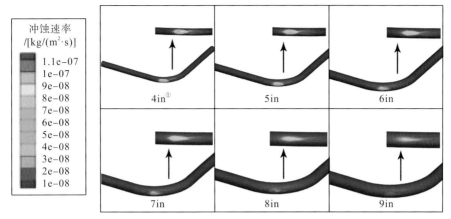

图 2-12　不同管径冲蚀速率的分布

## 2.1.3　多弯管路冲蚀磨损

### 1. 多弯管路模型

多弯管路作为最常见的站场工艺组件之一，管内流体运动复杂。建立两弯管路的几何模型如图 2-13 所示。$H$ 为弯头间距，$\varphi$ 为偏角，管径为 60mm，弯径比为 4，颗粒形状系数为 1，质量流量为 0.001kg/s，粒径为 0.2mm，流体速度为 10m/s。

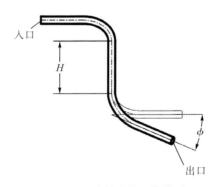

图 2-13　两弯管路的计算模型

### 2. 偏角的影响

两处弯管偏角与冲蚀速率之间的关系如图 2-14 所示。当弯管间距为 2D、偏角为 0°～90° 时，冲蚀速率先增大后减小；当偏角大于 90° 时，冲蚀速率基本稳定且处于低增长状态；当偏角为 30° 时，冲蚀速率均超过偏角为 150° 时两倍。

---

① 注：1in=2.54cm。

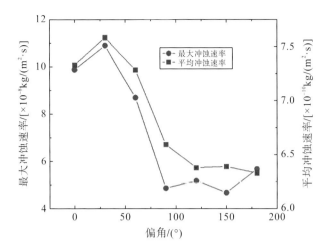

图 2-14    最大冲蚀速率与平均冲蚀速率随偏角的变化曲线

由图 2-15 和图 2-16 可知，当偏角低于 60° 时，下游弯管冲蚀磨损区域近似为椭圆形，最大冲蚀磨损出现在椭圆形区域中心；当偏角大于 60° 时，Ⅳ区域内的冲蚀磨损区非常窄，呈线形。从粒子的轨迹可知，当偏角为 30° ～150° 时，粒子撞击下游弯管壁面后，轨迹将发生偏离。因此，下游弯管冲蚀速率分布呈倾斜趋势。

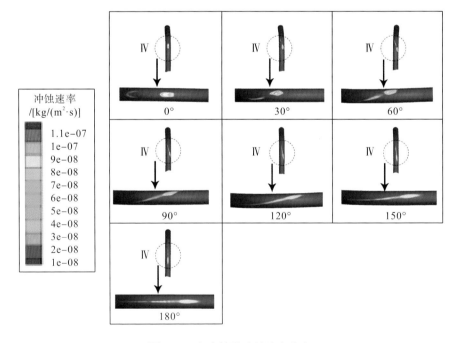

图 2-15    多弯管路冲蚀速率分布

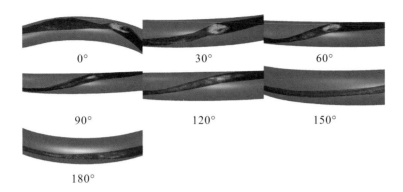

0°　　　　　　30°　　　　　　60°

90°　　　　　　120°　　　　　　150°

180°

图 2-16　多弯管路颗粒的运动轨迹

## 3. 弯头间距的影响

当偏角为 0° 时，两处弯头间距与冲蚀速率的关系如图 2-17 所示。最大冲蚀速率随间距的增大而减小；当间距大于 2D 时，平均冲蚀速率随其增加而减小，且变化率逐渐增大；2D 弯头间距时的最大冲蚀速率约为 15D 的 2 倍，但平均冲蚀速率约为 1.2 倍。因此，弯头间距变化易影响管道局部的冲蚀磨损。

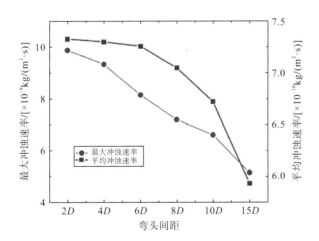

图 2-17　最大冲蚀速率与平均冲蚀速率随弯头间距变化曲线

如图 2-18 所示，冲蚀磨损区域随间距的增大而逐渐增大；随着两处弯头间距的增大，较严重的冲蚀磨损区域逐渐减小。

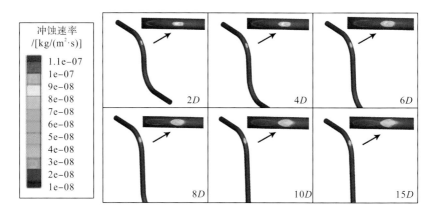

图 2-18　不同间距下管路冲蚀速率分布

## 2.2　带缺陷弯管冲蚀磨损机理

### 2.2.1　含单一缺陷弯管冲蚀

#### 1. 数值计算模型

如图 2-19 所示，弯管直径为 20mm、弯径比为 1.5；缺陷位于弯管外侧，其周向宽度为 60°，环向长度为 10°，径向深度为 1mm；缺陷位置由弯头进口到缺陷区域中轴线的角度确定。管道介质为天然气，流速为 10~40m/s，颗粒质量流量为 0.001~0.007kg/s，固相颗粒的平均直径为 100μm。

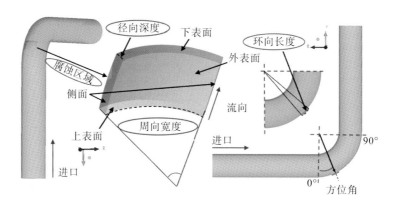

图 2-19　含缺陷弯管的计算模型

## 2. 流场分布

图 2-20 为 90°弯管截面的速度与压力分布，弯管内侧气体流速较高，外侧流速较低；当天然气流动到下游直管道时，左侧气速较低，右侧气速较高；在 90°弯管中压力分布的变化主要集中在弯管部位，内侧压力较低，外侧压力较高；缺陷内流速较低、压力较高，对弯管内流速和压力分布的影响不大。

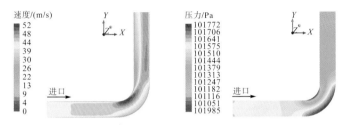

图 2-20　弯管截面的速度与压力分布

图 2-21 为不同截面的流线分布。当流体从弯头进口流动到弯头出口时，旋涡逐渐生成并逐渐发展；(b)截面上的两个对称旋涡出现在内侧附近；(c)和(d)截面上的旋涡逐渐靠近内侧，而且在缺陷附近没有旋涡生成；(e)截面的缺陷影响了外侧的流线分布；(f)截面的旋涡一直存在且逐渐增大。

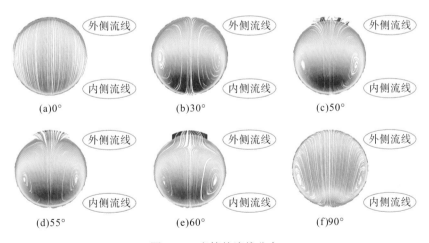

图 2-21　弯管的流线分布

## 3. 冲蚀特性

管道壁面上颗粒质量浓度越大，代表有更多的固体颗粒撞击壁面。图 2-22 为弯管壁面上颗粒质量浓度分布对比，弯曲部位形成了明显的倒"V"形分布。当缺陷区在 35°时，缺陷区下表面开始接近倒"V"形顶部，因此下表面中间部位的固体颗粒浓度较大，固体颗粒撞击缺陷区域下表面后发生反弹，反弹后再经过缺陷区域上游面的两个顶角，这些反弹粒子沿两个不同但几乎对称的方向运动，最终在靠近上游面的两个顶角部位离开；当缺陷区在 45° 时，缺陷区内的颗粒质量浓度分布与 35° 时的位置相似，反弹粒子沿两个不同但几乎对称的方向运动，最终在外表面两侧离开；当缺陷区在 55° 时，缺陷区下表面颗粒质量浓度较大且分布较对称，固体颗粒分别在下表面和上游面发生两次碰撞，且沿两个不同但几乎对称的方向运动，最终在靠近均匀缺陷区域下表面的两个底角部位离开；当缺陷区在 65° 时，缺陷区域与倒 "V" 形分布还有部分重叠区域，但是与倒 "V" 形顶端已经彻底分离，因此在下表面两底角部位的颗粒质量浓度较大且分布较对称。

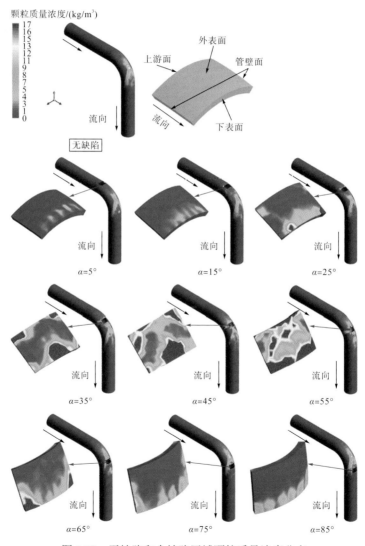

图 2-22　无缺陷和含缺陷区域颗粒质量浓度分布

可见，当缺陷位于 5°、15°、25°、75°、85° 时，与倒"V"形顶部距离较远；位于 35°、45°、55°、65° 时，与倒"V"形顶部距离较近。从 25° 开始，颗粒质量浓度开始在下表面集中，并发展到缺陷区域的其他部位。较多的固体颗粒撞击缺陷区域下表面，并发生反弹随机撞击在其他壁面，这导致缺陷区域内不规则颗粒质量浓度分布。

图 2-23 为弯管壁面冲蚀速率分布。弯管处形成椭圆形和倒"V"形的冲蚀区域。缺陷区域下表面和外表面的冲蚀较严重，且外表面冲蚀区不规则，这与颗粒质量浓度分布相对应。颗粒在缺陷区域位于 5° 时开始撞击缺陷区域，下表面及附近逐渐出现冲蚀。

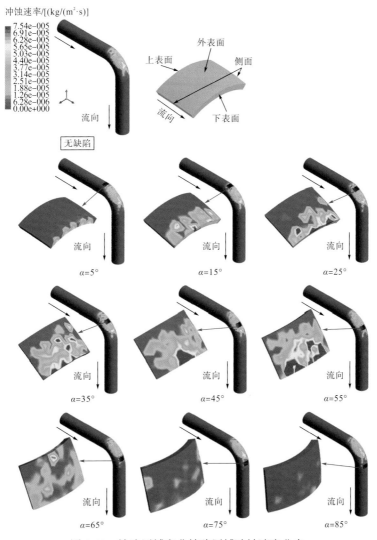

图 2-23　缺陷区域和非缺陷区域冲蚀速率分布

当缺陷区域开始远离弯头时（75°、85°），下表面和外表面的冲蚀减轻，上游面未发现冲蚀现象；当缺陷位于 65° 时，对倒"V"形分布有明显影响，但对椭圆形冲蚀区域并无明显影响。当缺陷区域靠近下表面外侧时，冲蚀速率分布与反弹颗粒密切相关，随着位置角度逐渐增大，外侧面冲蚀磨损也随之加剧，在 55°时最明显。

### 2.2.2　缺陷几何尺寸的影响

选择 45° 作为基准，研究缺陷结构尺寸对弯管冲蚀的影响，主要结构参数见表 2-1。

表 2-1　缺陷区域的几何尺寸

| 环向长度占角/(°) | 径向深度/mm | 周向宽度占角/(°) |
|---|---|---|
| 5 | 0.5 | 30 |
| 10 | 1 | 60 |
| 15 | 1.5 | 90 |
| 20 | 2 | 120 |
| — | — | 150 |

### 1. 环向长度

图 2-24 为不同环向长度占角下冲蚀速率的分布，靠近下表面的外表面冲蚀较集中；随着环向长度的增加，外表面的冲蚀面积增大；当占角为 5° 时，冲蚀集中在下表面中间。

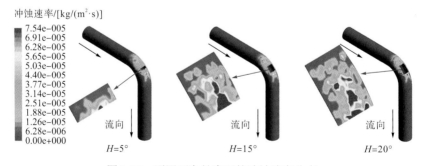

图 2-24　不同环向长度下的冲蚀速率分布

由图 2-25 可知，冲蚀速率随环向长度占角增大而逐渐减小。环向长度增加意味着外表面面积增加，而下表面面积没有变化。考虑到颗粒数量和撞击壁面区域，弯头冲蚀较小。因此，环向长度占角越小，弯头冲蚀越严重。

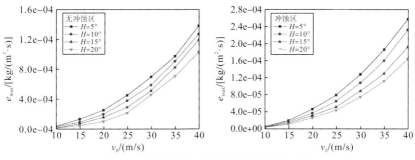

图 2-25　不同环向长度下的冲蚀速率曲线

## 2. 径向深度

图 2-26 为不同径向深度下的冲蚀速率分布。下表面面积随径向深度的增加而增加，但外表面面积没有变化。下表面附近严重冲蚀区随径向深度的增大而减小。此外，外表面冲蚀区减小，而下表面冲蚀区增大。

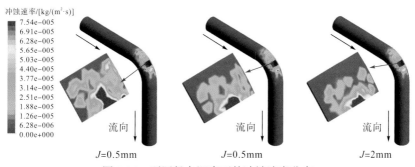

图 2-26　不同径向深度下的冲蚀速率分布

## 3. 周向宽度

由图 2-27 可知，随着周向宽度增大，外表面面积逐渐增大，下表面附近严重冲蚀区逐渐增加。在 120° 处外表面冲蚀区与 150° 处相同。

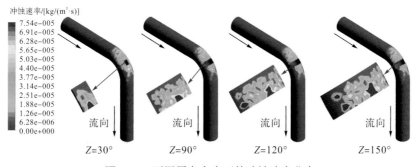

图 2-27　不同周向宽度下的冲蚀速率分布

### 2.2.3 多缺陷弯管冲蚀

如图2-28所示,由于存在两处缺陷,位于15°处缺陷的颗粒质量浓度小于55°处,类似于单缺陷工况。而位于55°处缺陷的颗粒质量浓度分布发生变化,"V"形分布开始变得模糊,弯管出口出现一个新分布。位于35°处的缺陷颗粒质量浓度集中在上表面两侧和外表面中间。位于55°处缺陷的颗粒质量浓度主要分布在下表面附近,两缺陷中间也出现了明显的颗粒质量浓度。

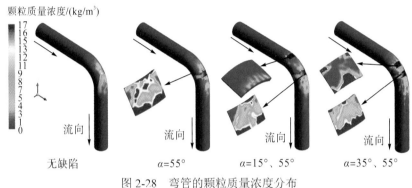

图 2-28　弯管的颗粒质量浓度分布

含两个缺陷弯管的冲蚀速率分布和粒子的运动轨迹如图2-29所示。缺陷位于15°处的冲蚀较小,严重冲蚀仅发生在下表面,只有少量颗粒在下表面反弹,而在55°处有较多粒子撞击下表面后反弹,并沿两个不同方向的对称路径移动到弯管内侧,此时严重冲蚀主要发生在下表面附近;当缺陷位于35°处和55°处时,外表面有较大的冲蚀区域,颗粒缺陷下表面发生反弹,但反弹路径不同;35°处反弹粒子通过上表面两侧移动到弯管内侧,而55°处反弹粒子通过缺陷下表面两侧移动到弯管内侧。

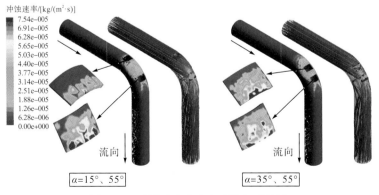

图 2-29　冲蚀速率分布和颗粒运动轨迹

由图 2-30 可知，相同进口速度下，55°处最大冲蚀速率最大，15°处最小。当缺陷分别位于 15°处和 55°处时，在相同进口速度下，55°处最大冲蚀速率最大，非缺陷区的最大冲蚀速率最小。可见，55°处缺陷区的最大冲蚀速率最大，但会受另一缺陷位置的影响。

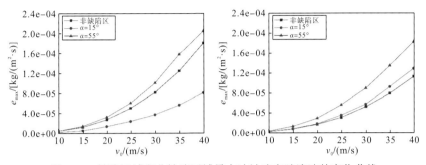

图 2-30　缺陷区域和非缺陷区域最大冲蚀速率随流速的变化曲线

# 2.3　气固两相流三通管冲蚀磨损机理

## 2.3.1　三通管计算模型

以较为常见 T 形管、Y 形管、y 形管为例(图 2-31)。将三通管的三个通口分别命名为 a 口，b 口和 c 口，重力方向为 Y 轴负方向。根据圣维南原理，取三通管直管段长度为管径 5 倍。三通管既可实现合流，也可实现分流。根据结构对称性，T 形管有 4 种进口类型、Y 形管有 2 种进口类型，而 y 形管也有 2 种进口类型。

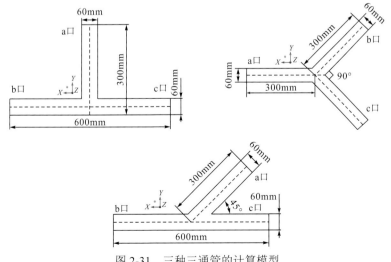

图 2-31　三种三通管的计算模型

T 形管：a 口为竖直方向，b 口和 c 口为水平方向；竖直管段长为 300mm，水平管段长为 600mm，三个通口直径均为 60mm。Y 形管：a 口为水平方向，b 口在水平上方，c 口在水平下方，倾斜角度均为 45°；水平管段长为 300mm，倾斜管段长为 300mm，三个通口直径为 60mm。y 形管：a 口不在水平方向，向 Z 轴负方向倾斜 45°，b 口和 c 口在水平方向；水平管段长为 600mm，倾斜管段长为 300mm，三个通口直径均为 60mm。

三通管壁面为固定壁面，剪切条件为无滑移，粗糙度系数为 0.5。DPM 类型为反弹，即颗粒撞击壁面时发生反弹，其反弹系数由实验测定。湍流强度的计算公式如下：

$$I = \frac{u'}{\bar{u}} = 0.16Re^{-1/8} \tag{2-8}$$

$$Re = \frac{\rho u d_{\mathrm{H}}}{\mu} \tag{2-9}$$

式中，$u'$ 和 $u$ 分别为湍流的脉动速度和平均速度；$d_{\mathrm{H}}$ 为管径。

### 2.3.2 流场与冲蚀规律

#### 1. T 形管的冲蚀特性

当气体进口流速为 10m/s 时，图 2-32 为四种气体进口 T 形三通管内壁面的压力分布，图 2-33 为 $XOY$ 平面的流速分布，图 2-34 为气体的速度矢量分布。

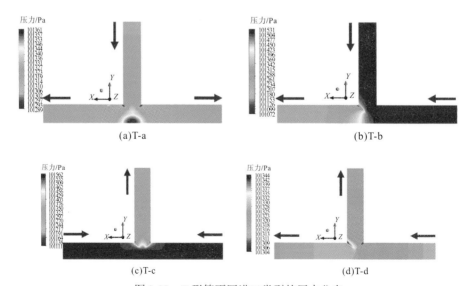

(a)T-a  (b)T-b

(c)T-c  (d)T-d

图 2-32　T 形管不同进口类型的压力分布

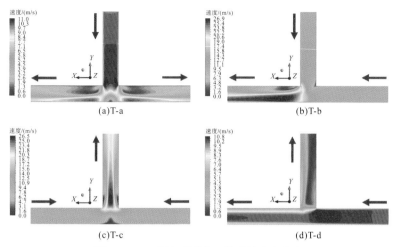

图 2-33　T 形管不同进口类型的速度分布

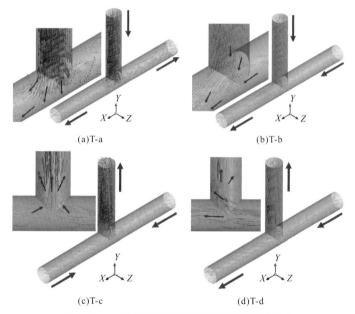

图 2-34　T 形管不同进口类型的流速矢量分布

T-a 中，进口管段内气体流速较高，当气体直接撞击在管道交汇处底部时，速度降为 0；出口管段底部的气体流速高于顶部，在管道交汇处左右两侧形成涡流；管道交汇处底部形成了一个高压力集中区域，周围的压力值逐渐降低；左右两个拐角形成低压力区且左右对称。

T-b 中，出口管段底部流速大于顶部；三通管交汇处右拐角附近形成小范围的低速区；气体流速在左拐角右侧开始增大，但是在其左侧区形成低速区；出口管段壁面的压力大于两个进口处,且左拐角处的压力低于右拐角。

T-c 中,出口管段内形成高速区域,位于三角形高速区顶角部位,且随气流流动管道内三角形气体流速分布逐渐消失,左右两拐角位于三角形高速区域的两底角部位;在两拐角上方和管道交汇处底部形成小范围的低速区;高压力区集中于 b、c 管段,管道交汇处的压力逐渐降低;管道交汇处左右拐角处的压力分布相同。

T-d 中,a 口管段左侧存在小股高速气体,右侧为低速区域;右拐角处形成小范围的高速区,左拐角处的气体流速与 b 口管段顶部的气体流速一致;b 口管段为高压力区,管道壁面的压力从进口 c 到出口 b 逐渐增加,a 口和 c 口管段的压力较低,且 c 口管段壁面的压力比 a 口管段的压力高;三通管道左拐角处的压力大于右拐角处的压力。

图 2-35 和图 2-36 为四种气体进口的 T 形管中离散相固体颗粒的运动轨迹和冲蚀速率分布。

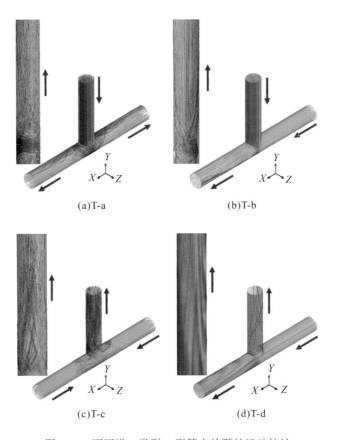

(a)T-a            (b)T-b

(c)T-c            (d)T-d

图 2-35 不同进口类型 T 形管内的颗粒运动轨迹

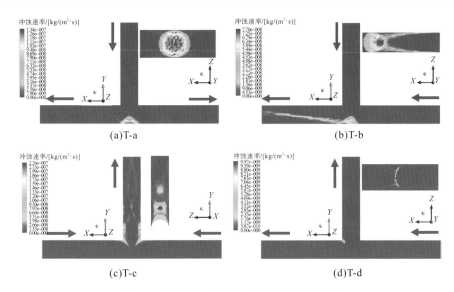

图 2-36　不同进口类型 T 形管冲蚀速率分布

T-a 中，颗粒随气流撞击在管道交汇处底部后被反弹，在交汇处做弧形运动，最后聚集在出口管段顶部被气流带出管道；一部分颗粒从出口管段顶部离开，一部分颗粒从出口管段底部离开；整个冲蚀区域为椭圆形，分布在被颗粒撞击管道交汇处的底部。

T-b 中，由于进口 a 管与 c 管段的气流方向垂直，交汇处颗粒主要分布在出口 b 管段底部；b 管段中一部分固体颗粒经撞击管道交汇处底部后，沿其侧壁面逐渐上升至中间位置，而另一部分颗粒未撞击到 b 管段壁面；交汇处底部形成半圆形冲蚀凹痕，出口 b 管段侧面形成弧形冲蚀凹痕。

T-c 中，进口 b 管段内的气流与进口 c 管段内的气流方向相反，部分颗粒由于惯性未直接进入出口 a 管段，而是进入进口 c 管段或 b 管段；由于进入气流方向相反，导致出口 a 管段内颗粒的运动轨迹对称；大部分颗粒撞击左右拐角上侧，并反弹进入出口 a 管段内部，随后跟随气体流出管道；在管道交汇处左右拐角上侧形成了最大冲蚀区域，出口 a 管道上方的冲蚀速率较小；出口 a 管段内的冲蚀速率分布呈左右对称。

T-d 中，大部分颗粒由于惯性直接从 b 口离开，少量颗粒撞击在管道交汇处左侧拐角处，并反弹进入出口 a 管道内，在竖直管道内经过二次反弹后被气体带出；出口 b 管段中颗粒的密集程度更高，但是其撞击壁面的频率降低；最大冲蚀主要位于左拐角处，出口 b 管段内壁面顶部也有轻微冲蚀作用，整个冲蚀区域分布在左拐角附近。

T-a 和 T-d 中，三通管起分流作用，下游管段中形成小股高速气体，冲蚀部位主要集中在高压区域；在 T-b 和 T-c 中，三通管起合流作用，下游管段中形成高速区域，冲蚀部位主要集中在低压区域。

## 2. Y 形管的冲蚀特性

当气体各入口流速为 10m/s 时，图 2-37～图 2-39 为 Y 形管壁面的压力分布、速度分布和速度矢量分布。

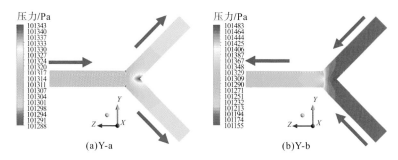

(a)Y-a　　　　　　　　　　　　　(b)Y-b

图 2-37　Y 形管壁面的压力分布

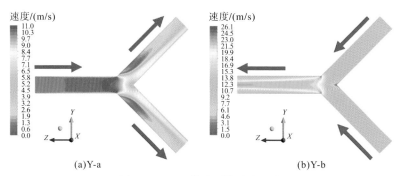

(a)Y-a　　　　　　　　　　　　　(b)Y-b

图 2-38　Y 形管壁面的速度分布

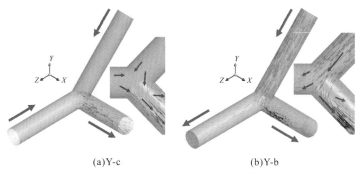

(a)Y-c　　　　　　　　　　　　　(b)Y-b

图 2-39　Y 形管速度矢量分布

Y-a 中，气体从 a 口进入，从 b 口和 c 口流出。入口段的气体流速较高，随着气流流动，气体撞击在右拐角处；出口 b 管段底部有小股高速流体，而出口 c 管段顶部有小股高速流体；上拐角下侧和下拐角上侧的气体流速与入口管段相同，而上拐角上侧和下拐角下侧的气体流速较低；高压力区主要集中在右拐角处，出口 b 和 c 管段相连位置的压力最高；低压区主要集中在上拐角和下拐角处。

　　Y-b 中，出口管段中心处形成三角形高速区；上拐角左侧、下拐角左侧和右拐角处形成小范围的低速区；气体进口管道壁面的压力较高，出口压力较低；右拐角处的压力大于上拐角和下拐角处，在上拐角和下拐角处形成了小范围的低压区。

　　图 2-40 和图 2-41 为 Y 形三通管中离散相固体颗粒的运动轨迹和冲蚀速率分布。

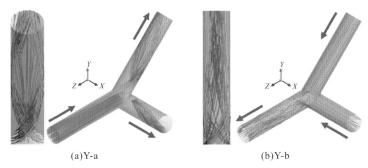

(a)Y-a　　　　　　　　　　　　　　(b)Y-b

图 2-40　Y 形管内颗粒的运动轨迹

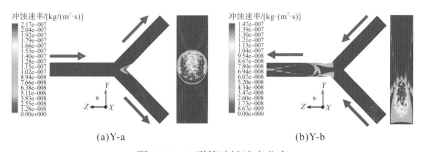

(a)Y-a　　　　　　　　　　　　　　(b)Y-b

图 2-41　Y 形管冲蚀速率分布

　　Y-a 中，颗粒撞击右拐角处后沿固定角度进行反弹，形成 V 形路径，并在出口管段内壁面上发生二次反弹，最终从出口 b 管段顶部和 c 管段底部离开。右拐角处的冲蚀速率最大，呈现椭圆形分布；出口管段还分布轻微弧形冲蚀。

　　Y-b 中，进口 b 进入的固体颗粒撞击在下拐角处，进口 c 进入的颗粒撞击在上拐角处，被反弹后进入 a 口管段，在 a 口管段顶部和底部进行二次反弹，随后被气体流带出。冲蚀区域主要分布在出口 a 管段，靠近上下拐角处的冲蚀速率最大，呈半椭圆形分布；出口 a 管段侧面还存在轻微螺旋冲蚀速率分布。

　　Y-a 中，三通管起到分流作用，下游管段中形成小股高速气体，冲蚀部位主要集中在高压区；在 Y-b 中，三通管起到合流作用，下游管段中形成高速区域，冲蚀部位主要集中在低压区。

### 3. y 形管的冲蚀特性

当气体入口速度为 10m/s 时，图 2-42～图 2-44 为 y 形管壁面的压力分布、流速分布和速度矢量分布。

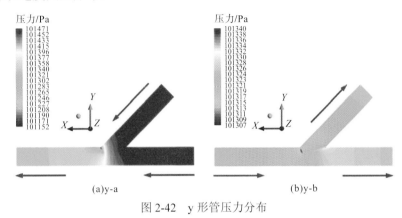

图 2-42  y 形管压力分布

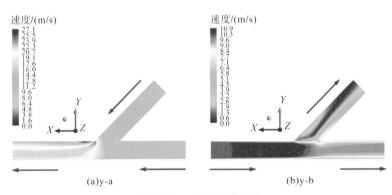

图 2-43  y 形管速度分布

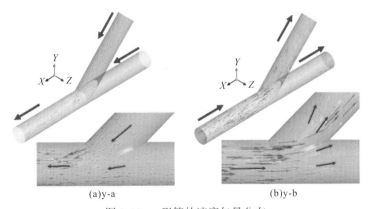

图 2-44  y 形管的速度矢量分布

y-a 中，出口管段底部形成了小股高速气体，左拐角处和右拐角右侧形成了小范围低速区；气体进口管道壁面的压力较高，出口管道壁面的压力较低，右拐角处形成小范围的低压区。

y-b 中，进口 b 管段中的气体流速较高，出口 c 管段内顶部的气体流速高于底部，出口 a 管段中形成小股高速气流；左拐角右侧有小股高速气流，右拐角下侧形成高速区，上侧形成低速区；出口 c 管段壁面的压力较高，出口 b 管段的压力较低，左拐角处形成高压区，右拐角处形成低压区。

图 2-45 和图 2-46 为 y 形管中离散相固体颗粒的运动轨迹和冲蚀速率分布。

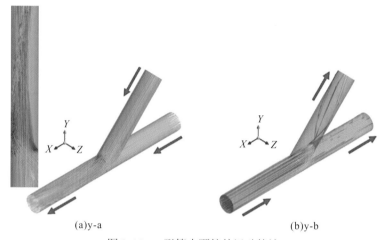

(a)y-a　　　　　　　　　　　　　　(b)y-b

图 2-45　y 形管内颗粒的运动轨迹

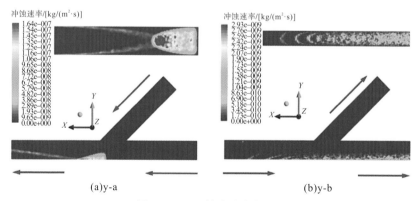

(a)y-a　　　　　　　　　　　　　　(b)y-b

图 2-46　y 形管冲蚀速率分布

y-a 中，固体颗粒在管道交汇处汇集，主要沿着 b 口管段下侧离开管道，在靠近底部处固体颗粒沿弧形路线运动；冲蚀主要集中在 b 口管段和管道交汇处，管道交汇处下侧为半椭圆形冲蚀，且右侧的冲蚀速率比左侧明显；b 口管段有轻微的弧形冲蚀分布。

y-b 中，颗粒在管道交汇处分散，部分进入 c 口管段，部分进入 a 口管段，经过碰撞右拐角固体颗粒反弹进入 a 口管段，并呈现出弧形运动轨迹；冲蚀主要分布在左拐角处和 c 口管段顶部，左拐角处的冲蚀速率分布较明显，c 口管段顶部有波浪形冲蚀。

y-b 中，下游管段形成了小股高速气体，冲蚀集中在高压区；在 y-a 中，下游管段形成高速区域，冲蚀集中在低压区。

## 2.4　液固两相流三通管冲蚀磨损机理

### 2.4.1　三通管计算模型

以压裂作业用 T 形三通管为例，如图 2-47 所示。出口压力为 105MPa。

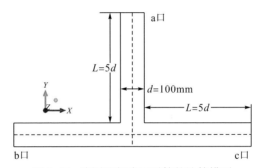

图 2-47　液固两相流三通管的计算模型

### 2.4.2　流场与冲蚀规律

液固两相流三通管内部流场分布如图 2-48 所示。出口管流速大于进口管段；由于两个进口方向相互垂直，水流彼此相互影响，合流之后高速流体集中在出口管道下侧；出口管道流体分为两部分，靠近上侧壁面的流体速度偏小，而靠近下侧壁面的流体速度偏大。

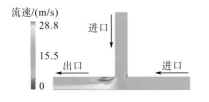

图 2-48　XOY 截面的流速分布

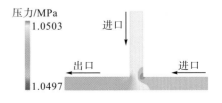

图 2-49　T 形管管壁的压力分布

　　三通管管壁的压力分布如图 2-49 所示。在进口管道壁面上，压力分布变化并不明显，水平进口管段的压力大于竖直进口管段；管道交汇处，压力随着流体流动方向逐渐降低；靠近左拐角处存在一部分不明显低压，而右拐角处形成高压区；出口压力低于进口，管壁上的压力随流动方向而逐渐降低。

　　三通管壁面的冲蚀速率分布和颗粒运动轨迹如图 2-50 所示。冲蚀主要发生在管道交汇处的左拐角和出口管道上侧；当含固相水流合流后，由于竖直管道中水流的冲击作用，大部分离散颗粒沉积到出口管道下侧，而少部分沿着出口管道侧面运动到出口管道上侧，在运动过程中撞击壁面，从而产生冲蚀作用，而左拐角处的冲蚀磨损则是由水平管道中水流冲击造成的，最终形成如图 2-50 所示冲蚀分布。

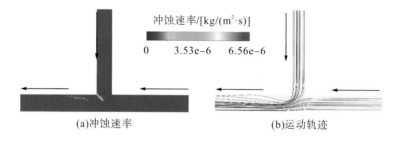

(a)冲蚀速率　　　　　　　　　(b)运动轨迹

图 2-50　冲蚀速率分布及颗粒运动轨迹

# 第 3 章　含复杂腐蚀缺陷管道剩余强度评价

## 3.1　含腐蚀坑群管道剩余强度评价

### 3.1.1　单点腐蚀坑

#### 1. 计算模型

考虑椭球形腐蚀坑，其具有结构和载荷对称的特点，建立了 1/4 有限元模型。如图 3-1 所示，管道直径为 324mm，壁厚为 10.6mm，管材为 X65。为消除边缘效应，管道长度为直径的 3 倍。根据实际工况，考虑椭球形腐蚀坑两种类型(轴向腐蚀坑和环向腐蚀坑)。轴向腐蚀坑半长轴与管道轴线平行，环向腐蚀坑长半轴与管道轴线垂直。

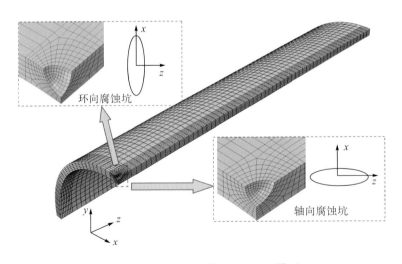

图 3-1　含单腐蚀坑管道的有限元模型

#### 2. 计算结果

当腐蚀坑长度为 15mm、深度为 5mm 时，图 3-2 为不同内压下管道腐蚀部位的应力分布。无论是轴向腐蚀坑还是环向腐蚀坑，管道最大应力均出现在沿管道轴线方向的单点腐蚀坑底部；最大应力首先出现在腐蚀坑内部，管道最小应力出现在腐蚀坑环向端部，应力随内压的增加而增大；当应力大于屈服极限时，整个管道的应力迅速增大；当内压大于失效压力时管道发生爆破。

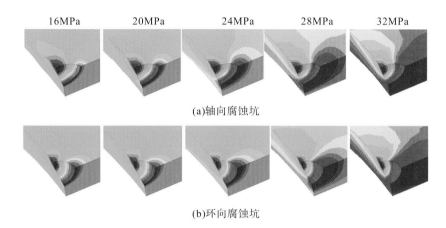

图 3-2　不同压力下腐蚀坑部位的应力分布示意图

　　不同内压下腐蚀坑部位的塑性应变如图 3-3 所示。相同压力下轴向腐蚀坑部位出现条状塑性变形，且塑性区域随内压的增加而增大，最大塑性应变出现在腐蚀坑底部。

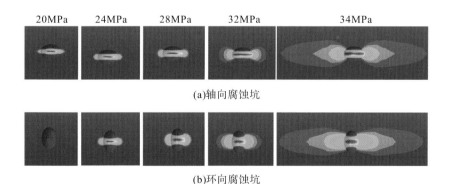

图 3-3　不同压力下腐蚀坑部位塑性应变分布

　　表 3-1 为两种腐蚀坑管道仿真结果与 ASME B31G 计算结果的对比。当腐蚀坑长度为 15mm、深度为 3mm 时，含环向腐蚀坑管道的失效压力与 ASME 计算结果相同，说明所采用方法较为可靠，可用来预测腐蚀管道的失效压力，且含环向腐蚀坑管道的失效压力比轴向腐蚀坑工况更接近理论计算值。

表 3-1 含双点腐蚀坑管道的失效压力

| 管道壁厚/mm | 长度/mm | 深度/mm | 椭球形腐蚀坑/MPa | | ASME B31G |
|---|---|---|---|---|---|
| | | | 轴向 | 环向 | |
| 10.6 | 15 | 3 | 23.82 | 33.65 | 33.65 |
| 10.6 | 15 | 4 | 21.84 | 29.82 | 33.54 |
| 10.6 | 15 | 5 | 20.53 | 26.13 | 33.41 |
| 10.6 | 19 | 5 | 18.52 | 27.42 | 33.16 |
| 14.3 | 15 | 5 | 33.18 | 39.35 | 45.39 |

　　轴向腐蚀坑失效压力小于环向腐蚀坑，说明在相同体积缺陷下轴向腐蚀坑工况更容易发生失效。当腐蚀坑长度为 15mm 时，两种模型的失效压力差为 5.6MPa。当腐蚀坑长度为 19mm 时，失效压力差为 8.9MPa。因而，管道壁厚、腐蚀坑长度和深度对其失效压力的影响较大。

### 3. 腐蚀坑深度影响

　　当腐蚀坑长度为 15mm 时，管道失效压力随腐蚀坑深度的增加呈非线性降低，如图 3-4 所示。当腐蚀坑深度较小时，轴向腐蚀坑与环向腐蚀坑之间的失效压力差较大，但其随着腐蚀坑深度的增加而减小。当腐蚀坑深度为 7.5mm 时，腐蚀坑为半球形。因此，两个腐蚀管道的失效压力相同。

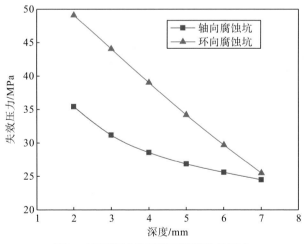

图 3-4 不同腐蚀坑深度下管道失效压力

### 4. 腐蚀坑长度影响

　　当腐蚀坑深度为 5mm 时，不同腐蚀坑长度下管道的失效压力如图 3-5 所示。当腐蚀坑长度为 5mm 时，腐蚀坑形状为半球形，具有轴向和环向腐蚀坑管道的失效压力相同。随着腐蚀坑长度增加，含轴向腐蚀坑管道的失效压力逐渐降低，而含环向腐蚀坑管道的失效压力逐渐增大，但增长率变小。

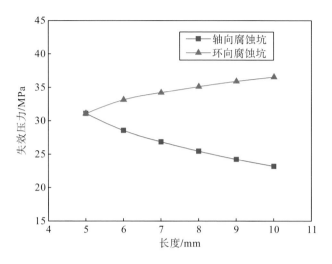

图 3-5　不同腐蚀坑长度下管道失效压力

## 5. 管道壁厚影响

当腐蚀坑长度为 15mm、深度为 5mm 时，不同壁厚管道的失效压力如图 3-6 所示。随着壁厚增加，腐蚀管道的失效压力也随之增大。因此，厚壁管道可应用于具有严重腐蚀性的环境中。

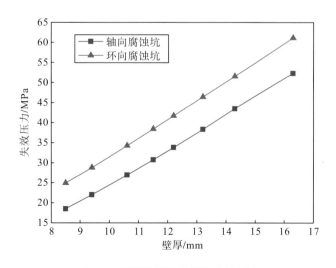

图 3-6　不同壁厚下的管道失效压力

### 3.1.2  多点腐蚀坑

#### 1. 计算模型

在工程实践中，多点腐蚀比单点腐蚀更为常见。考虑腐蚀坑之间的相互作用，建立了双、三点腐蚀坑的有限元模型，如图 3-7 所示。

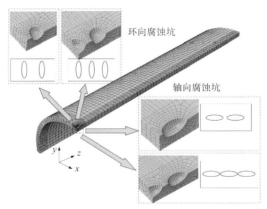

图 3-7  多点腐蚀坑计算模型

#### 2. 计算结果

当初始间距为 5mm，腐蚀坑长度和深度分别为 15mm、5mm 时，含两种腐蚀坑管道的失效压力如图 3-8 所示。在多点腐蚀坑条件下，轴向腐蚀坑的管道失效压力小于环向腐蚀坑，多点腐蚀坑的管道失效压力小于单点腐蚀坑管道，但双点腐蚀坑和三点腐蚀坑之间的差别很小。因此，多点腐蚀坑模型可以更准确地预测腐蚀管道的失效压力。

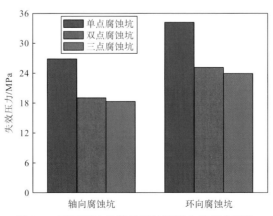

图 3-8  不同腐蚀坑数量下的管道失效压力对比

图 3-9 为多点腐蚀坑部位的应力分布。随着内压增加，高应力区面积逐渐增大。管道塑性变形之前，应力分布变化较小。在弹性阶段，双点和三点轴向腐蚀坑的极限内压分别为 14.6MPa 和 14MPa，同时双点和三点环向腐蚀坑的失效压力分别为 19.2MPa 和 18.3MPa。在相同内压下，三点腐蚀坑高应力面积大于双点腐蚀坑，轴向腐蚀坑的高应力面积大于环向腐蚀坑。

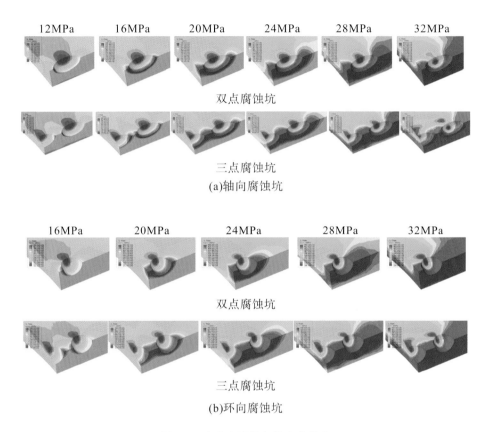

图 3-9　多点腐蚀坑部位应力分布

图 3-10 为多点腐蚀坑周围管道的塑性应变分布。对于双点腐蚀坑，当内压较小时，椭球腐蚀坑的一端首先出现塑性应变；塑性变形区域随管内压的增大而增大，最大塑性应变出现在腐蚀坑底部，但环向腐蚀坑的塑性变形区宽度大于轴向腐蚀坑。当内压大于 32MPa 时，塑性区急剧增大；三点腐蚀坑的塑性变形区大于双点腐蚀坑，腐蚀坑侧面的塑性应变大于中间。因此，腐蚀坑部位是压力管道最危险的位置。

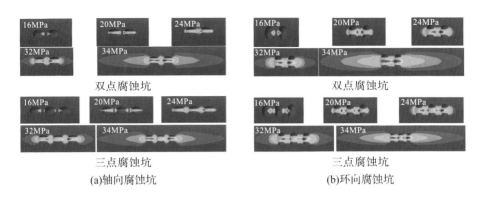

双点腐蚀坑 （左上）　双点腐蚀坑 （右上）

三点腐蚀坑 （左下）　三点腐蚀坑 （右下）

(a)轴向腐蚀坑　　　　　(b)环向腐蚀坑

图 3-10　多腐蚀坑部位塑性应变的分布

### 3. 腐蚀坑间距影响

不同间距下含多点腐蚀坑的管道失效压力如图 3-11 所示。随着间距增大，管道失效压力逐渐增大，但增长率减小；对于双点轴向腐蚀坑，当间距大于 17mm 时，管道失效压力变化较小；但三点轴向腐蚀坑的临界间距为 20mm。因此，腐蚀坑间的相互作用对失效压力的影响随间距的增大而减小，密集的腐蚀坑分布增加了管道失效概率。

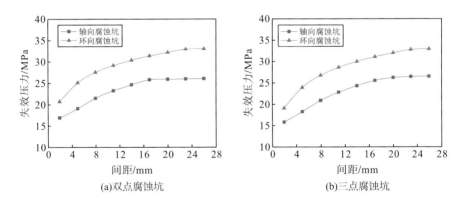

(a)双点腐蚀坑　　　　　(b)三点腐蚀坑

图 3-11　不同间距下含多点腐蚀坑的管道失效压力

## 3.2　基于多层腐蚀坑的管道剩余强度评价

### 3.2.1　含多层腐蚀缺陷模型

工程实际中腐蚀缺陷的形状非常复杂且不规则，因此不能简单地将其看作一个扁平凹痕。通过检测技术发现，管道腐蚀缺陷的真实形貌并非只有一层。为了更接近腐蚀缺陷的真实形貌，建立腐蚀区域具有多层结构腐蚀管道的模型如图3-12 所示。定义上层为第一层，中层为第二层，下层为第三层。表 3-2 为具有多层结构腐蚀缺陷的管道几何参数。

表 3-2　多层结构腐蚀缺陷的几何参数

|  | 双层 | | | 三层 | | |
|---|---|---|---|---|---|---|
|  | 长度 $L$/mm | 宽度 $\omega$/(°) | 深度 $d$/mm | 长度 $L$/mm | 宽度 $\omega$/(°) | 深度 $d$/mm |
| 第一层 | 120 | 20 | 3 | 120 | 20 | 2 |
| 第二层 | 60 | 10 | 3 | 60 | 10 | 2 |
| 第三层 | — | — | — | 30 | 5 | 2 |

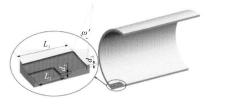

(a)双层结构腐蚀缺陷　　　　　　　　(b)三层结构腐蚀缺陷

图 3-12　多层结构腐蚀缺陷有限元模型

### 3.2.2　管道剩余强度

#### 1. 双层腐蚀缺陷

图 3-13 为不同内压下双层腐蚀缺陷部位的应力分布。应力集中首先在第一层和第二层的过渡部分而非缺陷周向边缘；随着内压的增大，高应力区域沿轴向扩展速度比周向方向快。与单层腐蚀结构不同，高应力区并不覆盖整个腐蚀缺陷部位。

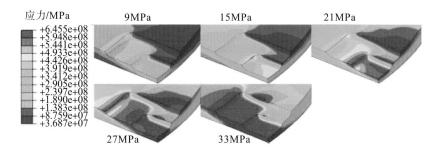

图 3-13　双层结构腐蚀缺陷的应力分布

图 3-14 为具有双层结构腐蚀缺陷管道的塑性变形分布。当内压大于 18MPa 时，腐蚀缺陷从第二层边角开始发生塑性变形；随着内压增大，管道塑性应变迅速增大；塑性变形主要发生在第二层周向边缘，而不是第一层；随着内压继续增大，塑性区域从第二层边角附近区域扩展至第一层。

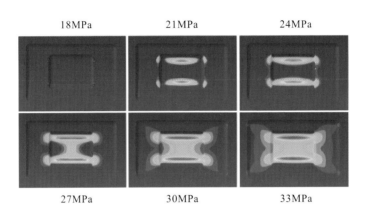

图 3-14　不同内压下双层结构区域的塑性变形分布

## 2. 三层腐蚀缺陷

图 3-15 为不同内压下三层结构腐蚀缺陷管道的应力分布。应力集中首先发生在第二层和第三层的过渡部分；随着内压增大，高应力区从腐蚀缺陷第三层迅速扩展到管道壁上的完整区域；由于腐蚀缺陷结构，高应力区不能覆盖整个腐蚀缺陷。

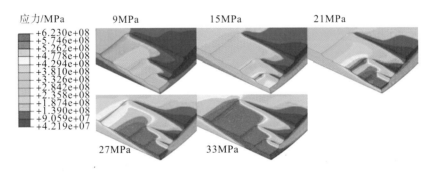

图 3-15　三层结构腐蚀缺陷的应力分布

图 3-16 为三层结构腐蚀缺陷周围区域的塑性变形分布。当内压大于 18MPa 时，腐蚀缺陷部位的塑性变形从第三层边角开始；随着内压的增大，塑性应变沿轴向迅速增大。

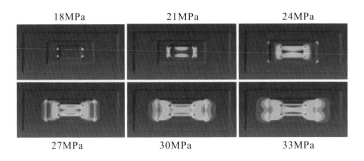

图 3-16 不同内压下三层结构区域的塑性变形分布

## 3.3 内外腐蚀共存的管道剩余强度评价

复杂服役环境下管道内外表面均可能发生腐蚀,当内外表面腐蚀缺陷共存时,其剩余强度很难通过单面腐蚀评价方法进行预测。

### 3.3.1 周向腐蚀缺陷影响

周向相互影响的腐蚀缺陷可以从内部与外部缺陷间的夹角来研究,如图 3-17所示。

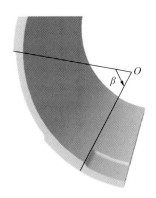

图 3-17 内外腐蚀缺陷共存时管道的有限元模型

图 3-18 是夹角分别为 60° 和 50° 时的管道应力曲线,内缺陷和外缺陷部位的最大应力随内压变化基本相同,直到达到屈服压力为止。随着内压增大,外部缺陷处的最大应力大于内部缺陷处压力。

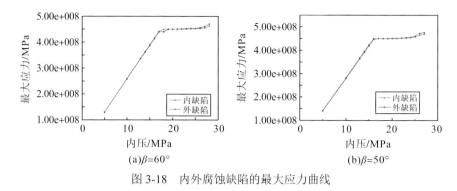

图 3-18 内外腐蚀缺陷的最大应力曲线

图 3-19 是夹角分别为 60° 和 50° 时腐蚀缺陷处的应力分布。最大应力先出现在缺陷边缘，然后向整个管道扩散，与单一缺陷相似。内部和外部缺陷相互作用，在达到极限压力之前很小，但当它超过极限压力时，作用较为明显，可很快导致局部发生塑性变形。

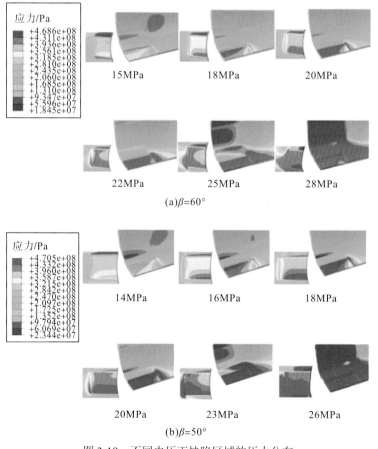

图 3-19 不同内压下缺陷区域的压力分布

　　图 3-20 为不同内压下缺陷区的塑性应变。当夹角为 60°、内压为 18MPa 时，内外缺陷相邻边缘处发生塑性变形，且随内压的增加而增大。当夹角为 50°、内压为 16MPa 时缺陷部位发生塑性变形。

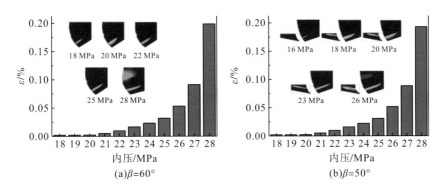

图 3-20　不同内压下缺陷区的塑性应变

　　如图 3-21 所示，当夹角减小到 40° 时，塑性变形位于内部腐蚀缺陷边界，沿轴向扩展速度快于周向；当夹角为 30° 时的塑性应变较大，其在较低内压下的增长速率更快。塑性应变首先出现在内外腐蚀缺陷的长边附近，并沿两侧分布。

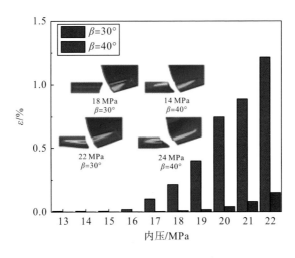

图 3-21　缺陷区域内的塑性应变分布

## 3.3.2　内外腐蚀缺陷重合

　　由于缺陷总是不规则的，所以可通过相对尺寸来简化：根据内部缺陷比例来区分，当比值为 0.5 时，外腐蚀缺陷尺寸为内腐蚀缺陷尺寸的一半；当比值为 1

时，外腐蚀缺陷与内腐蚀缺陷尺寸相同；当比值为 2 时，外腐蚀缺陷为内腐蚀缺陷尺寸的 2 倍。

如图 3-22 所示，当比值为 1 时，重叠部分是整个腐蚀缺陷区域的最薄处，在较低的内压作用下，该部位的塑性应变迅速增大。

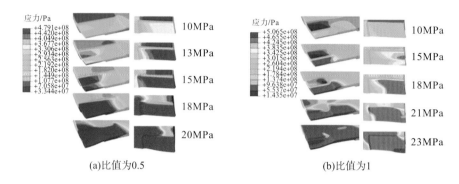

(a)比值为0.5          (b)比值为1

图 3-22 　腐蚀管道的应力分布

图 3-23 中，当比值为 0.5 时，最大塑性应变首先出现在管道外腐蚀缺陷边缘，然后转变为管道内部同一位置，集中在腐蚀缺陷中心区域；当比值为 2 时，最大塑性应变发生在腐蚀缺陷内部的周向边缘，最终转变为腐蚀缺陷中心区域。

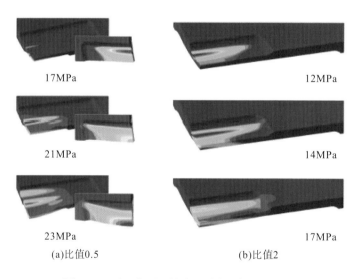

(a)比值0.5          (b)比值2

图 3-23 　不同内压下缺陷区域的塑性应变分布

# 第 4 章　管路系统流致振动特性

## 4.1　多弯管路系统动力学分析

为研究多弯管路系统动力学特性，基于流固耦合和有限元原理，建立水下多弯管路计算模型进行流固耦合模态分析，研究壁厚、管径对管路固有频率的影响规律，并对非定常流下多弯管路系统动力响应进行分析，研究壁厚和波动速度对管道振动的影响规律。

### 4.1.1　L 型充液管道模态分析

图 4-1 为单弯管有限元模型，其中 $MK$ 和 $NK$ 直管段长度为 1m，$K$ 处弯管总弯曲角度为 90°，弯曲半径为 0.2m，管道内径为 70mm，壁厚为 5mm。管道材料的弹性模量为 157GPa，泊松比为 0.34，密度为 9000kg/m³。管内液体的体积模量为 1950MPa，密度为 872kg/m³。

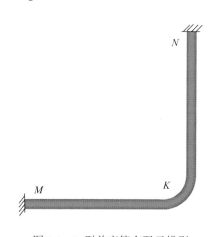

图 4-1　L 型单弯管有限元模型

边界条件一：管道 $M$ 端固定封闭，$N$ 端管道自由，流体液面自由；边界条件二：管道 $M$ 端固定封闭，$N$ 端也固定封闭。

求解管道前 12 阶固有频率如表 4-1 所示。采用传递矩阵法(transfer matrix method，TMM)求解充液管道的模态频率[24]，通过比较可知：两种不同边界条件下，通过数值仿真求解充液管道固有频率与 TMM 计算结果相差较小，除第 5 阶流体模态频率外，其余误差均小于 6%，且计算模态振型也与文献相同。

表 4-1　两种边界条件下单弯管的模态频率

| 阶数 | 边界条件一 | | | | | | 边界条件二 | | | | | |
| --- | --- | --- | --- | --- | --- | --- | --- | --- | --- | --- | --- | --- |
| | 充液 | | | 充气 | | | 充液 | | | 充气 | | |
| | TMM/Hz | 仿真/Hz | 误差 | TMM/Hz | 仿真/Hz | 误差 | TMM/Hz | 仿真/Hz | 误差 | TMM/Hz | 仿真/Hz | 误差 |
| 1 | 12.3 | 11.84 | -3.74% | 14.1 | 13.28 | -5.82% | 157.1 | 153.7 | -2.16% | 180.5 | 177.4 | -1.72% |
| 2 | 31.2 | 31.76 | 1.79% | 35.9 | 35.08 | -2.28% | 236.1 | 236.1 | 0.00% | 270.7 | 251.4 | -7.13% |
| 3 | 157.1 | 156.7 | -0.25% | 184.3 | 173.3 | -5.97% | 297.4(F) | 299.8 | 0.81% | | | |
| 4 | 167.2(F) | 160.8 | -3.83% | | | | 476 | 479.6 | 0.76% | 540.5 | 520 | -3.79% |
| 5 | 248.8 | 247.5 | -0.52% | 281.4 | 271.8 | -3.41% | 534.9(F) | 590.6 | 10.41% | | | |
| 6 | 439.0(F) | 449.6 | 2.41% | | | | 642.9 | 633.3 | -1.49% | 671.6 | 661.3 | -1.53% |
| 7 | 491.5 | 475.5 | -3.26% | 549.3 | 550.8 | 0.27% | 797.9 | 754.1 | -5.49% | 897.1 | 882.7 | -1.61% |
| 8 | 659.5 | 656.9 | -0.39% | 737.6 | 735.0 | -0.35% | 865.1 | 843.7 | -2.47% | 1036 | 1030 | -0.58% |
| 9 | 729.8(F) | 697.7 | -4.4% | | | | 896.0(F) | 889.7 | -0.70% | | | |
| 10 | 833.8 | 787.4 | -5.56% | 873 | 853.9 | -2.19% | 1036 | 1013 | -2.22% | 1143.3 | 1104 | -3.44% |
| 11 | 990.7 | 999.0 | 0.84% | 1121.2 | 1141 | 1.77% | 1202.7(F) | 1227 | 2.02% | | | |
| 12 | 1051.5 | 1051 | -0.05% | | | | 1298.7 | 1256 | -3.29% | 1401.6 | 1402 | 0.03% |

注：F 为液体的模态频率。

同时对充气管道模态频率进行计算，其中气体体积模量为 0.149MPa，密度为 1.293kg/m$^3$。由表 4-1 可知，在两种边界条件下，采用两种方法求得管道的固有频率基本一致，最大误差仅为 7.13%，误差主要来源于计算方法不同，说明所建立的数值模型和采用的计算方法较为准确。

## 4.1.2　水下管路系统模态分析

### 1. 流固耦合模型

以图 4-2 所示水下多弯管路系统为研究对象，管路中 AB、BC 和 CD 三处直管段均为 1m，B、C 处的弯管轴线半径为 0.2m，内径为 100mm，壁厚为 10mm。管道外部为水，管道内部充液或充气，气体的动力黏度为 17.9×10$^{-6}$Pa·s。

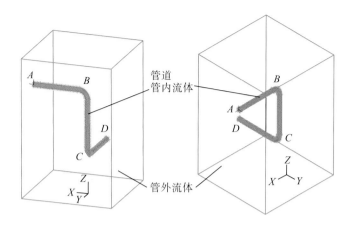

图 4-2　水下多弯管路系统示意图

## 2. 不同工况下的固有频率

为研究流体对管道固有频率的影响,分别对不考虑耦合、管内流体-管道耦合、管内流体-管道-管外流体耦合下管道固有频率和模态振型进行计算,并对管道内部充液和充气两种工况进行对比。各种工况下管道前 6 阶固有频率如表 4-2 所示。

表 4-2　管道耦合固有频率

| 阶数 | 不考虑耦合/Hz | 管内流体-管道二者耦合 | | | | 管内流体-管道-管外流体三者耦合 | | | |
| --- | --- | --- | --- | --- | --- | --- | --- | --- | --- |
| | | 充液/Hz | 相差比例 | 充气/Hz | 相差比例 | 充液/Hz | 相差比例 | 充气/Hz | 相差比例 |
| 1 | 43.79 | 36.98 | 15.55% | 43.76 | 0.069% | 35.55 | 18.82% | 41.40 | 5.46% |
| 2 | 67.67 | 57.24 | 15.41% | 67.66 | 0.015% | 55.34 | 18.22% | 64.34 | 4.92% |
| 3 | 216.2 | 183.3 | 15.22% | 216.1 | 0.046% | 166.4 | 23.03% | 193.3 | 10.59% |
| 4 | 349.5 | 299.6 | 14.28% | 349.1 | 0.114% | 278.2 | 20.40% | 328.0 | 6.15% |
| 5 | 426.9 | 381.7 | 10.59% | 421.8 | 1.195% | 368.8 | 13.61% | 386.0 | 9.58% |
| 6 | 670.2 | 596.9 | 10.93% | 656.9 | 1.984% | 586.5 | 12.49% | 604.4 | 9.82% |

考虑管内流体-管道-管外流体流固耦合时的管道固有频率比只考虑管内流体-管道耦合时要低,且二者均低于不考虑流固耦合工况,说明管内外流体对管道固有频率的影响较大,流固耦合作用使管道模态频率降低,这与 Jaeger[25]结论一致;充气管道的固有频率小于空管状态,但大于充水时的频率,二者的耦合计算中充气管道的固有频率与空管最大相差 2%,说明气体与管道的耦合作用对固有频率的影响小于液体。

图 4-3 为不考虑流固耦合时管道的前 6 阶模态振型,其中第 1 阶为中间直管段偏移,第 2 阶为两端直管段偏移,第 3 阶为中间直管段弯曲,第 4 阶为两端直

管段弯曲，第 5 阶为三段直管段弯曲，第 6 阶为两端单弯曲中间双弯曲。通过计算发现，考虑流固耦合计算后管道模态振型与不考虑流固耦合时的模态振型基本一致，说明流固耦合作用不影响管道的模态振型。

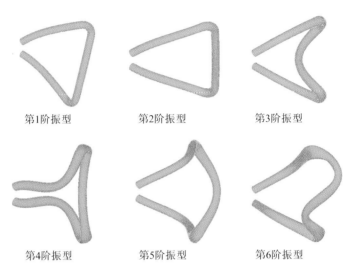

第1阶振型                         第2阶振型                         第3阶振型

第4阶振型                         第5阶振型                         第6阶振型

图 4-3    不考虑耦合时管道的模态振型

## 3. 壁厚对固有频率的影响

不同壁厚的管道在输送流体的过程中将产生不同程度的振动，其固有频率也各不相同。以充液管道为例，三种不同工况下多弯管路第 1 阶固有频率随壁厚的变化如图 4-4 所示(其他各阶固有频率的变化规律相同)。

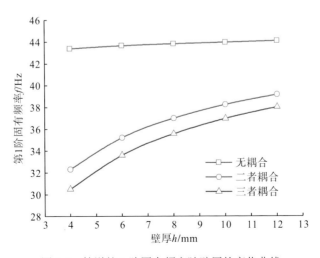

图 4-4    管道第 1 阶固有频率随壁厚的变化曲线

当不考虑流固耦合时，管道的固有频率随壁厚的变化较小，当壁厚从 4mm 增长到 12mm 时，管道第 1 阶固有频率从 43.36Hz 增大为 44.07Hz，增长率为 1.64%，说明壁厚对空管固有频率的影响较小；考虑管内流体-管道二者耦合、管内流体-管道-管外流体三者耦合时，管道的固有频率随壁厚的增加而增大，且呈非线性变化，说明对于充液管道和处于液体环境中的管道系统而言，壁厚是影响其固有频率的重要因素。

### 4. 内径对固有频率的影响

图 4-5 为三种工况下管道第 1 阶固有频率随管道直径的变化曲线。无论是否考虑流固耦合，管道的固有频率均随直径的增加而增大，说明直径变化对管道的影响较大；当不考虑流固耦合时，管道的固有频率与管径近似呈线性变化规律，但是各阶频率的变化率并不完全相同；当考虑流固耦合效应时，管道的固有频率与管径呈现线性变化规律，说明管道与流体的耦合作用增加了管道的固有频率，因此研究水下管路系统的动力学特性时，考虑流固耦合作用尤为必要。

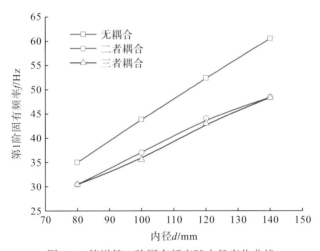

图 4-5　管道第 1 阶固有频率随内径变化曲线

## 4.1.3　非定常流下管道振动特性

### 1. 边界条件

假定管道 $A$ 端和 $D$ 端在计算过程中的位移为 0，即有[26]

$$\begin{cases} x(t)\big|_A = 0 \\ y(t)\big|_A = 0, \\ z(t)\big|_A = 0 \end{cases} \begin{cases} x(t)\big|_D = 0 \\ y(t)\big|_D = 0 \ (0 \leqslant t \leqslant 0.5) \\ z(t)\big|_D = 0 \end{cases} \tag{4-1}$$

对流体 $A$ 端入口施加速度载荷，非定常流速是关于时间的正弦函数，其表达式为[27]

$$v(t) = \alpha + \beta \sin(2\pi\omega t) \tag{4-2}$$

其中，流体平均速度 $\alpha$=10m/s，流速波动峰值 $\beta$=1m/s。由于充液管道第 1 阶固有频率为 36.98Hz，因此选择流速波动频率 $\omega$=37Hz，从而使管道产生共振现象，以便研究其动力响应。

## 2. 计算结果

图 4-6 为非定常流下管道两种极限变形的情况，整个管道系统的运动主要表现为沿 $Z$ 轴振动。由于入口速度激振频率接近管道第 1 阶固有频率，因而管道振动与第 1 阶模态振型相同。为了便于定量分析，提取管道 $B$、$C$ 两处弯管处的振动幅值。

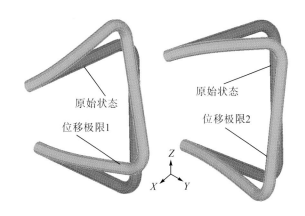

图 4-6    管道的变形状况(相对变形放大 132 倍)

由于壁厚为 4~12mm 管道系统的固有频率为 32.29~39.14Hz，与激振频率均较为接近，因而对不同壁厚管道的位移响应进行分析。图 4-7 为不同壁厚管道 $B$、$C$

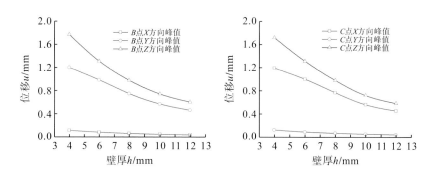

图 4-7    不同壁厚管道弯管处的振动幅值

弯管处的振动幅值。通过比较发现：不同壁厚管道 B、C 处沿 Z 向振动幅值均较另外两个方向大，在 B 点处 Y 向振动幅值大于 X 向，而 C 点处 X 向振动幅值大于Y 向；管壁厚度越大，B、C 弯管处的振动幅值就越小，呈非线性变化，且每处均有两个方向的振动幅值较大，而第三个方向的变化较小。

在相同的激振频率下，如果波动速度峰值不同，那么管道的动力响应也不同。图 4-8 为 B、C 弯管处的振动幅值随波动速度峰值的变化曲线。B、C 处各方向的振动幅值均随波动速度峰值的增大而增大，且近似为线性变化，说明非定常流中的流速波动对管道动力响应的影响非常大，所以要尽量降低管内流体的波动峰值，避免引起充液管路系统的剧烈振动。

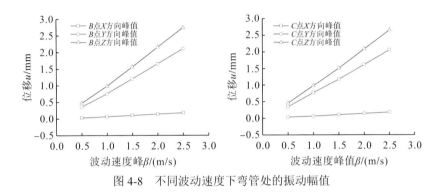

图 4-8　不同波动速度下弯管处的振动幅值

## 4.2　U 形充液管道动力学分析

### 4.2.1　U 形管道模型

U 形管道的结构如图 4-9 所示，外径为 0.2m，壁厚为 0.01m，中间直管长为 8m，两端直管长为 0.5m，圆角处轴线半径为 0.25m，竖直管长为 1.5m。管道材料的弹

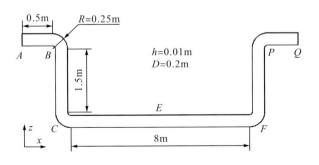

图 4-9　U 形管道示意图

性模量为 167GPa，泊松比为 0.3，管道内的流体密度为 1000kg/m³，流体黏度为 0.001Pa·s。

## 4.2.2  管道模态分析

通过对无耦合和流固耦合状态下的管道进行模态分析，得到两种状态下管道前 20 阶固有频率的变化曲线(图 4-10)。随着模态阶数的增加，管道的固有频率逐渐增大；无耦合时的固有频率大于流固耦合的计算结果，这主要是由于液体作为附加质量降低了管道的固有频率，但液体并不会影响管道的模态振型。因此，对于充液管道，考虑管内流体与管道间耦合的计算结果更为精确。

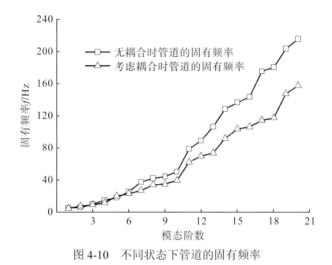

图 4-10  不同状态下管道的固有频率

为研究管道壁厚对其固有频率的影响，对不同壁厚的管道在无耦合和流固耦合下的模态进行分析，其 1、3、5、7 阶的固有频率变化如图 4-11 所示。随着壁厚的增加，管道的固有频率逐渐增大，并呈非线性变化，且增长率随壁厚的增加而逐渐降低。

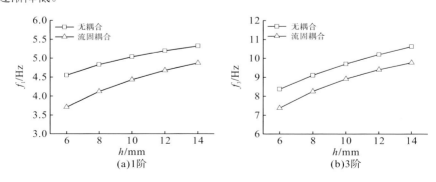

(a)1阶                                          (b)3阶

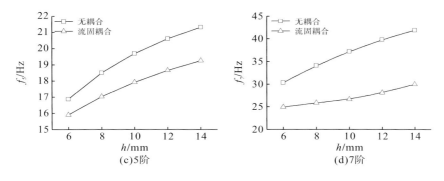

图 4-11　各阶固有频率随壁厚的变化曲线

## 4.2.3　充液过程中管道力学分析

### 1. 充液过程管道的力学性能

设定 $A$ 点处道内流体速度在 0.5s 内达到最大 20m/s，其变化规律为

$$V = \begin{cases} 40T, & 0 \leqslant T \leqslant 0.5 \\ 20, & T > 0.5 \end{cases} \tag{4-3}$$

式中，$V$ 为流速；$T$ 为充液时间。

充液前后管道的变形状况如图 4-12 所示。整个管道在 $x$ 方向的变形较大，中间直管段 $z$ 方向的变形也较大，而 $y$ 方向的变形较小。

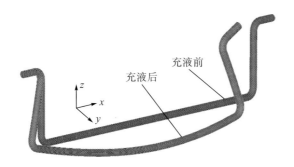

图 4-12　充液前后管道的变形状况（相对变形放大 15 倍）

图 4-13 为管道上 $B$、$E$、$Q$ 三点的位移随时间变化过程。由于 $B$ 点靠近 $A$ 点固定端，其位移变化较小；$E$ 点、$Q$ 点的变化规律相同，$Q$ 点处的位移变化最大且均在 0.56s 时位移达到最大值；整个充液过程中管道呈现波动状态，即使流速达到稳定值后，管道位移也呈现波动，但振幅逐渐衰减，2.5s 以后趋于稳定。

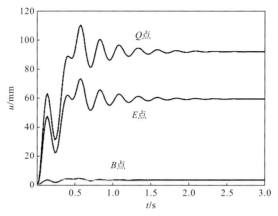

图 4-13　不同位置的位移随时间变化

  流体压力和管道变形可引起管道的应力发生变化，计算发现管道在 0.56s 时的应力达到最大值403.8MPa；而在2.5s以后最大应力趋于稳定，保持在328.2MPa，其应力分布如图4-14所示。充液过程中，管道最大应力发生在 B 点，流速稳定后最大应力出现在 F 点。这说明当管道位移达到最大值时，其应力也达到了最大值，不同阶段管道的危险位置也不同。

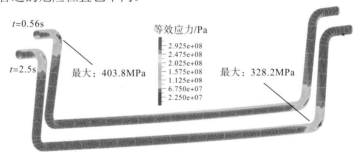

图 4-14　不同时刻管道的等效应力分布

  图 4-15 为 2.5s 时管道 xz 平面的应变分布，在 B 点和 F 点的应变最大，与应力分布相同。B 点和 F 点处的管径变小，而 PQ 段的管径变大，BC 段的管径也略有变大。可见，整个管道在充液以后呈现出径向尺寸的非均匀变化。

### 2. 充液加速度对管道性能的影响

  定义充液加速度 $a=V/T$，不同充液加速度将使管道产生不同程度的振动。由于管道各处位移的变化规律相同，不同充液时刻管道的位移变化历程如图4-16所示(以 Q 点为例)。充液加速度越小，管道位移的波动越平缓；不同充液加速度下管道出现最大位移的时刻均延迟于相应充液时间点。但无论充液加速度多大，管道最终的位移基本相同。

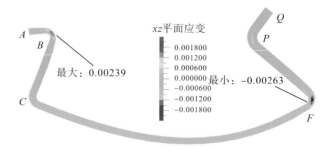

图 4-15 管道的 xz 平面的应变(相对变形放大 15 倍)

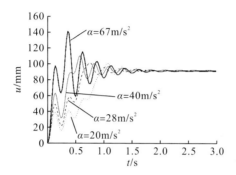

图 4-16 不同充液时间下管道 Q 点的位移历程

图 4-17 为充液过程中和充液后管道最大位移随充液加速度的变化曲线。充液加速度基本不影响充液后管道的位移；随着充液加速度增加，充液过程中管道的最大位移逐渐增大，且呈非线性变化，40m/s² 前其随充液加速度的变化率较大，40m/s² 后的变化率较小。

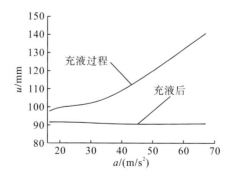

图 4-17 管道最大位移量随充液加速度的变化曲线

计算结果表明，充液加速度越大，充液过程中管道弯头处的应力越大。当充液加速度为 50m/s$^2$ 时，管道最大等效应力为 590.7MPa；当充液加速度为 40m/s$^2$ 时，最大等效应力为 403.8 MPa，变化了 46.3%。

### 3. 壁厚对管道位移和应力的影响

图 4-18 为管道最大位移随管道壁厚的变化曲线。随着壁厚的增加，管道在充液过程中和充液结束后的最大位移量均呈非线性减小的变化规律。

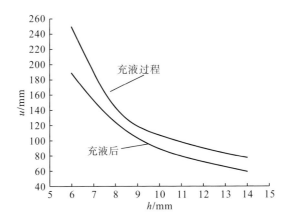

图 4-18    管道最大位移量随壁厚的变化曲线

壁厚越小，充液过程中管道的应力越大。当壁厚为 8mm 时管道 B 点处的最大等效应力为 571.4MPa，较壁厚为 10mm 时管道的最大等效应力 403.8MPa 增加了 41.5%。可见，壁厚对管道位移和应力的影响较大，管道设计和充液时需要进行着重考虑。

# 地质灾害

# 第 5 章　地震灾害下埋地管道力学行为

## 5.1　跨断层埋地管道分析方法

### 1. 跨断层埋地管道解析法

为研究断层作用下埋地管道的反应，1975 年 Newmark 和 Hall[28]首次提出了一种简化计算方法，后来经过学者们的改进提出了多种计算模型。理论解析方法一般将埋地管道简化为索模型或梁模型[14]，如表 5-1 所示。管材本构模型主要有线弹性模型、双折线或三折线模型、兰贝格-奥斯古德（Ramberg-Osgood）模型三类。

表 5-1　跨断层管道反应分析方法

| 研究者 | 年份 | 管材模型 | 管弯曲刚度 | 管土大变形 | 远离断层管段 | 靠近断层管段 | 备注 |
|---|---|---|---|---|---|---|---|
| Newmark-Hall | 1975 | 三折线模型 | × | × | 管道变形为一直线 | | 索模型理论方法 |
| Kennedy | 1977 | Ramberg-Osgood 模型 | × | √ | 直线 | 圆弧 | 索模型理论方法 |
| Wang-Yeh | 1983 | 三折线模型 | √ | √ | 弹性地基梁变形曲线 | 圆弧 | 梁模型理论方法 |
| Wang-Wang | 1998 | 三折线模型 | √ | √ | 弹性地基梁变形曲线 | 梁的挠曲线 | 梁模型半解析方法 |
| 张素灵 | 2000 | Ramberg-Osgood 模型 | √ | √ | 弹性地基梁变形曲线 | 梁的挠曲线 | 梁模型理论方法 |
| 刘爱文 | 2002 | 双折线模型 | √ | √ | 土弹簧模型 | 等效弹簧单元 | 壳单元理论方法 |
| Karamitros | 2006 | 双折线模型 | √ | √ | 弹性地基梁变形曲线 | 梁的挠曲线 | 梁模型理论方法 |
| 王滨 | 2010 | 双折线和 Ramberg-Osgood 模型 | √ | √ | 弹性地基梁变形曲线 | 梁的挠曲线 | 梁模型理论方法 |

线弹性模型构造简单，但其与管道钢的实际本构相差较大，无法准确模拟较大断层错动作用下的管道反应。

双折线或三折线模型在一定程度上能够模拟管道钢材料的非线性特性，且分段线性，所以广泛地用于解析方法中。但使用此模型需要逐步判断管材状态，这使得求解过程较为繁杂。

兰贝格-奥斯古德模型可以较好地模拟管材达到极限抗拉强度之前的塑性变形，省去逐步判断材料是否屈服的烦琐步骤，但其非线性程度较高，当解析模型复杂时，控制其收敛性和加快收敛速度较为困难。

### 2. 跨断层埋地管道实验研究

国内外学者对断层下管道的物理模型也进行了实验研究。但由于实验设计的局限性及测试设备和技术的限制，目前通过物理实验大多只能得到定性结论；受管道钢材料和模型实验相似率的限制，土箱实验和离心实验均为弹性实验，所以很难得到管道破坏形态。

### 3. 跨断层埋地管道的数值仿真

随着计算机技术的发展，数值模拟已经成为埋地钢质管道当前研究的主要趋势之一，各国学者也从数值模拟方面对跨断层埋地管道地震响应开展了相关研究，并取得了许多成果。

早期数值模型大致可分为梁模型和壳模型。梁模型构造简单，计算时间短；壳模型与梁模型相比，能更好地分析管道局部屈曲等大变形情况，但壳模型构造复杂，需要的计算时间较长。

管土耦合作用是影响管道力学性能的重要因素，但大多数学者并未考虑管道围土实际情况，如回填土和地表土层的区别，特别是硬岩地区埋地管道的屈曲模式和力学模型与软土区有很大差别，因此需要分别建立不同地层的管土耦合模型。

## 5.2　走滑断层作用下埋地管道力学

### 5.2.1　软土地层中管道力学行为

#### 5.2.1.1　数值计算模型

建立走滑断层数值计算模型如图 5-1 所示。管道与断层面的交角(管道穿越角)$\varphi = 45°$，管径为 813mm。按照文献[29]中的建模要求，模型尺寸为 64m×5m×10m。管材为 X80。

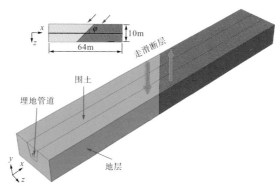

图 5-1    走滑断层数值计算模型

取安全系数为 0.72，则管道承受的最大工作压力为[29]

$$P_{\max} = 0.72 \times \left( 2\sigma_{\mathrm{s}} \frac{t}{D} \right) \tag{5-1}$$

式中，$\sigma_{\mathrm{s}}$ 为屈服强度，MPa；$t$ 为壁厚，mm；$D$ 为管径，mm。

通过计算可知，壁厚为 8mm 管道的最大内压为 8.4MPa。选用莫尔-库仑 (Mohr-Coulomb) 模型作为围土土体本构模型，土体密度为 1400kg/m³，弹性模量为 33MPa，泊松比为 0.44，内摩擦角为 11.7°，内聚力为 24.6kPa[30]。

### 5.2.1.2  计算结果分析

#### 1. 管道的变形过程

图 5-2 为走滑断层作用下埋地管道的变形过程。当土体运动时，地层向管道

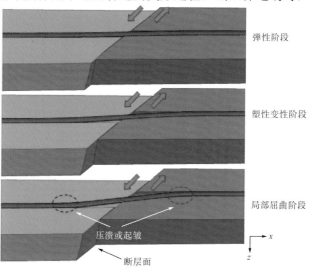

图 5-2    走滑断层作用下管道的变形过程

施加弯矩，管壁一侧逐渐与围土分离，另一侧与围土接触并受到土体挤压；管道在断层面两侧发生弯曲并出现两处曲率较大的部位，该部位管壁一侧受拉，一侧受压。在断层作用下管道经历弹性、塑性变形和局部屈曲三个阶段，管道屈曲部位发生局部压溃或起皱模式。变形后的管道外形关于断层面呈反对称，断层面两侧管道的变形过程相似。

### 2. 管道内压的影响

断层面两侧的管道变形相同，因此只讨论一侧管壁的力学变化。不同内压下管道的轴向应变分布曲线如图 5-3 所示。断层面一侧为拉应变，一侧为压应变，即沿管道轴向管壁一段受拉，一段受压。受压侧，管道应变曲线出现四个突变点；随着内压增加，受压侧应变增大，当管道内压为 $0.8P_{max}$ 时，其中一个突变点应变增至-0.0025，形成局部塑性区；而受拉侧应变随内压增加而逐渐减小。这是由于受压侧管壁发生塑性变形，塑性区吸收了内压施加的能量，导致管道其他部位的能量得到释放。

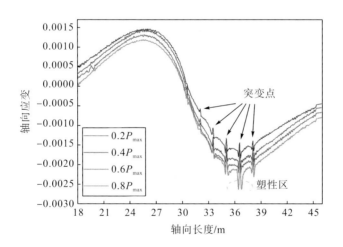

图 5-3　不同内压下管道的轴向应变分布

当 $u=5D$ 时，不同内压下管道的应力及屈曲模式如图 5-4 所示。该位错量下管道受压侧均发生屈曲失效，但不同内压下的屈曲模式不同，屈曲后管道被分为三段。当 $P=0.2P_{max}$ 时，受压侧管壁呈压溃屈曲模式，压溃部位管壁出现三处"内凹"；当 $P=0.4P_{max}$ 时，凹陷幅度进一步增大；当 $P=0.6P_{max}$ 时，屈曲部位的失效模式转变为褶皱。随着内压的继续增加，褶皱幅度增大，应力集中区演变为第二道褶皱，但皱起幅度较小。内压越大，管道整体应力越大，与断层面重合管段为局部低应力区。

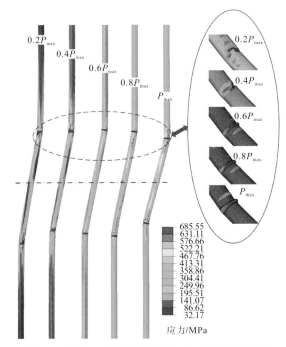

图 5-4    不同内压下管道的应力分布及屈曲模式

1)低压管道的屈曲行为

当 $u=1.5D$，$P=0.2P_{max}$ 时，管道的应力(虚线上侧)和应变(虚线下侧)分布如图 5-5 所示。管道发生轻微弯曲变形，沿管道轴向出现两处高应力应变区，一处为压应变，一处为拉应变，分别位于断层面两侧。压应变区存在四个应力、应变突变部位，对应于图 5-3 中应变曲线的突变点。应力、应变突变部位呈节状分布，"节"的轨迹垂直于管道轴线并沿轴向等间距分布。

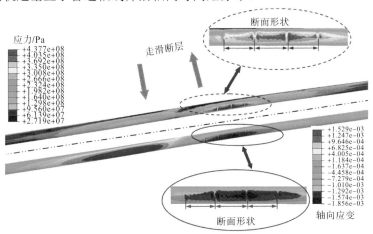

图 5-5    低压管道的应力与轴向应变分布

　　不同位错量下低压（$P=0.2P_{max}$）管道的应力及屈曲模式如图 5-6 所示。管道弯曲后，受压侧管壁首先出现高应力区，随着位错量增加，高应力区面积逐渐增大；当 $u=3D$ 时，高应力区面积达到最大，此时管道受压侧出现应变突变区，文献[29]将此刻受压侧的应变分布形式描述为"波纹"形，管道处于临界屈曲状态；当 $u=4D$ 时，应力突变区管壁被压溃，压溃部位管壁呈现局部内凹及外凸屈曲模式，高应力区集中到压溃部位；当 $u=5D$ 时，压溃部位内凹或外凸的幅度增大，压溃部位附近应变再次呈现"波纹"形式分布。

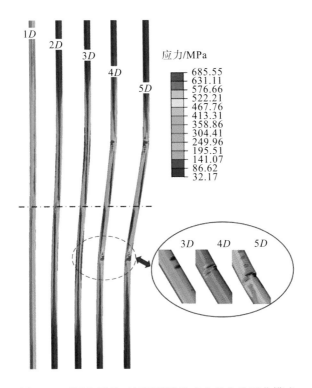

图 5-6　不同位错量下低压管道的应力分布及屈曲模式

　　不同位错量下低压管道的轴向应变曲线如图 5-7 所示。管道受拉、受压侧的应变均随位错量的增加而增大。当 $u<3D$ 时，管道整体的轴向应变均较小；当 $u=3D$ 时，受压侧轴向应变开始起伏波动变化；当 $u=4D$ 时，管壁发生屈曲，此时管壁受压侧的拉压应变同时存在，但压应变更大，而受拉侧均为拉应变，受压侧的应变曲线呈"两峰一谷"分布；当 $u=5D$ 时，受压侧的应变分布规律不变，最大压应变和拉应变分别增加到-0.15 和 0.04。受拉侧应变曲线出现一个明显的波峰，但最大拉应变不超过 0.02，小于《油气输送管道线路工程抗震技术规范》（GB/T 50470—2017）[31]中管道容许拉伸应变。因此，该工况下管道不会因拉伸而发生破坏。

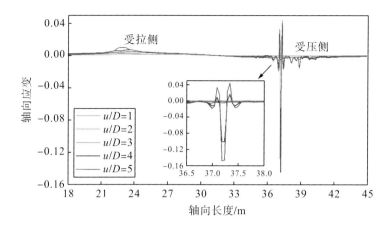

图 5-7　不同位错量下低压管道的轴向应变曲线

2)高压管道的屈曲行为

高压($P=0.8P_{max}$)管道的应力分布及屈曲模式随断层位错量的变化如图 5-8 所示。与低压管道相比,高压管发生屈曲时的极限位移较小。由于内压作用,管道整体存在较大的初始应力。当 $u=2D$ 时,受压侧管壁首先出现应力集中区域;当 $u=3D$ 时,受压侧应力呈"波纹式"分布并出现小幅度褶皱,此时受拉侧也出现了高应力区;当 $u=4D$ 时,受压侧形成一条明显褶皱,当位错量再次增大时,屈曲模式不变,褶皱幅度增大。

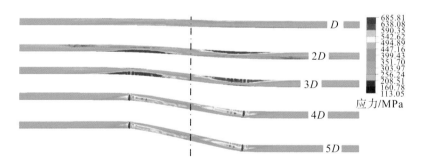

图 5-8　不同位错量下高压管道的应力分布及屈曲模式

不同位错量下高压管道的轴向应变曲线如图 5-9 所示。在整个断层运动过程中,管道受拉侧应变曲线均呈"单峰"分布。当 $u=2D$ 时,受压侧的应变曲线开始发生小幅度波动;当 $u=3D$,曲线波动幅值变大,但受压侧均为压应变;当 $u>4D$,受压侧的应变曲线分布规律不再变化,仅应变极值进一步增大,拉压应变同时存在,存在三个压应变的极大值,两个拉应变的极大值。屈曲部位最大应变高于 0.20,大于低压管最大应变值 0.15。出现褶皱的区域管道极易发生破裂,因此对断层区管道应进行及时检测，出现损伤时应及时维修更换。

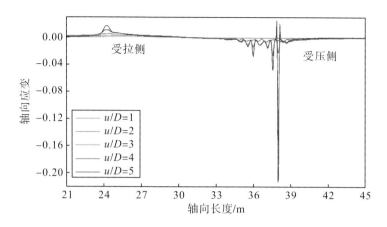

图 5-9  不同位错量下高压管道的轴向应变曲线

### 3. 径厚比的影响

当 $P=0.8P_{max}$，$u=5D$ 时，不同径厚比高压管道应力分布及屈曲模式如图 5-10 所示。当 $D/t>68$ 时，断层面两侧管壁出现局部褶皱，高应力集中于褶皱区。径厚比越大，管道应力越大，随着径厚比减小，褶皱数量逐渐减少，褶皱部位逐渐远离断层面。当 $D/t=68$ 时，褶皱消失，褶皱区域转变为高应力区，受压侧高应力区面积更大，且径厚比越小，高应力区越大。

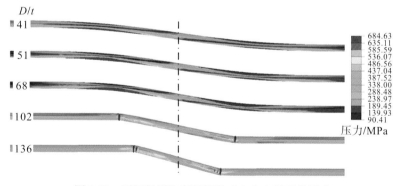

图 5-10  不同径厚比高压管道应力分布及屈曲模式

不同径厚比高压管道轴向应变曲线如图 5-11 所示。当 $D/t<68$ 时，管道应变较小；当 $D/t=68$，受压侧的轴向应变曲线开始波动；当 $D/t=102$ 时，受压侧的应变曲线发生突变，出现三个压应变极值、两个拉应变极值；当 $D/t=136$，受压侧压应变极值增大，拉应变极值有所减小，应变突变部位更加靠近断层面。

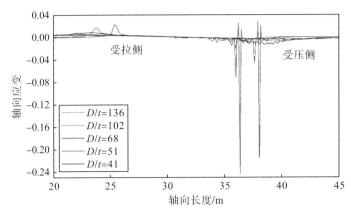

图 5-11 不同径厚比高压管道轴向应变曲线

### 5.2.2 硬岩地层中管道力学行为

长输管道不可避免地会穿越山地等硬岩区，而硬岩区埋地管道的力学性能与软土区有较大差别。

#### 1. 数值计算模型

图 5-12 为硬岩地区管土耦合模型，管径为 914mm，管道埋深为 2m，回填土为黄土，硬岩地层弹性模量为 28.5GPa，泊松比为 0.29，黏聚力为 3.72MPa，摩擦角为 42°，密度为 2090kg/m³。

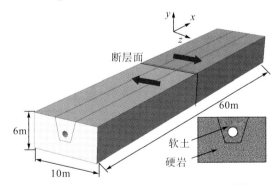

图 5-12 走滑断层作用下硬岩地层管道计算模型

#### 2. 无压管道的力学行为

不同位错量下无压管道的应力分布及屈曲模式如图 5-13 所示。与软土地层中的管道应力分布不同，当位错量较小时，硬岩区断层面处的管道出现应力集中；随着位错量增大，管道中段被剪切和挤压，该处管段逐渐被压扁，该屈曲模式与软土地层不同。这是由于硬岩地层在管道作用下的变形较小，仅有管沟中的回填土变形较大，而管沟尺寸有限，因而硬岩地层的错动对管道产生了较强的剪切作用[32]。在相同地层位错量下，硬岩地层中的管道变形及屈曲现象比软土地层更为严重。

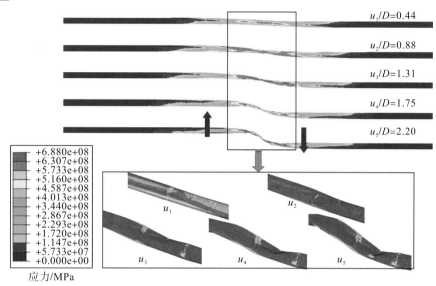

图 5-13　不同位错量下无压管道的应力分布及屈曲形貌

图 5-14 为不同位错量下无压管道的变形曲线。随着位错量增加，管道弯曲变形增大，大变形区域主要集中在断层面附近 20m 内；当位错量较小时，管道形状较为光滑，呈 S 形，随着位错量增大，管道形状逐渐由 S 形变为 Z 形；硬岩地层的剪切作用使得中间管段被拉伸和剪切。

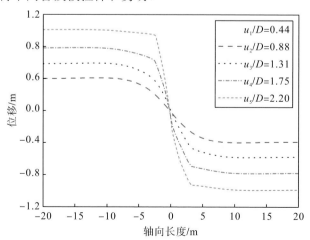

图 5-14　不同位错量下无压管道的变形曲线

当 $u/D=2$ 时，不同径厚比无压管道的应力分布如图 5-15 所示。当径厚比小于 60 时，在断层面处管道形成较为明显的剪切痕迹，在剪切位置附近形成了较大范围的应力集中区；当径厚比大于 60 时，断层面处的管段出现了压扁和剪切形貌；随着径厚比增大，管道屈曲现象更加严重。因此，薄壁管道在硬岩地层断层移位时非常危险。

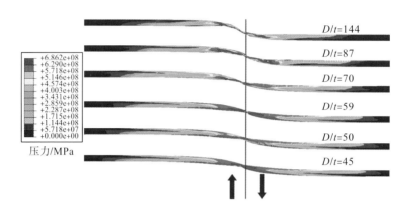

图 5-15    不同径厚比无压管道的应力分布

## 3. 压力管道的力学行为

当 $D/t=114$，$u/D=2$ 时，不同内压下管道的应力分布及屈曲模式如图 5-16 所示。在断层运动作用下，硬岩区的压力管道出现 3 处屈曲，而断层面处的管道屈曲模式与两侧屈曲部位不同；管道应力以管道中心呈反对称分布，远离屈曲部位的管道应力随内压的增加而增大，应力集中现象主要出现在局部屈曲部位。

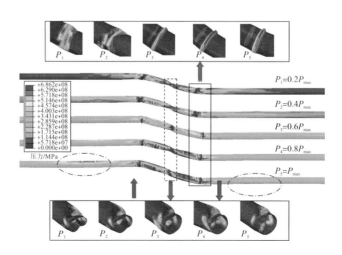

图 5-16    不同内压下管道的应力分布及屈曲模式

随着内压增大，两侧管壁的屈曲模式由压溃变为皱起。当内压为 $0.4P_{max}$ 时，两侧管壁的屈曲模式为压溃和皱起的临界状态，随着内压的增加，管壁皱起现象越来越严重。断层面处管道的屈曲模式受内压影响较小，它主要受由断层引起的硬岩错动作用；随着内压的增加，该处管道的变形逐渐减弱，这是由于内压增强了管道刚度；该处管段下半部分的变形较大，而上半部分的变形较小，这是由于管沟为梯形结构，上部较宽而下部较窄，同时地表无约束使得上部回填土的变形较大。当内压大于 $0.8P_{max}$ 时，在两侧屈曲部位的左右侧分别出现了一处应力集中，这是由高压管道在地层弯矩作用下引起的，内压越大这种应力集中现象则越明显。

当内压为 $0.2P_{max}$ 时，不同位错量下管道的应力分布及屈曲模式如图 5-17 所示。当地层位错量较小时，在断层面两侧位置分别出现了应力集中区域；随着位错量增加，这两处高应力区域范围逐渐扩大。当位错量大于 $1.31D$ 时，断层面处管道也出现了应力集中现象，而另外两处管道出现了压溃屈曲；随着位错量的进一步增大，两侧的压溃幅度增大，屈曲较为严重，而断层面处的管道形成挤压和剪切。随着局部屈曲幅度增大，远离屈曲部位的管壁应力逐渐减小。

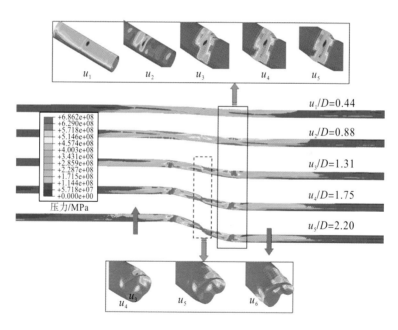

图 5-17　压力管道（$0.2P_{max}$）的应力分布及屈曲模式

当内压为 $P_{max}$ 时，不同位错量下管道的应力分布及屈曲模式如图 5-18 所示。当位错量较小时，断层面两侧的管道分别出现了应力集中区域，且高应力区范围随着位错量的增加而增大。当位错量大于 $1.31D$ 时，两处高应力区域出现皱起现象，同时断层面处管道出现应力集中；随着位错量的增加，管道屈曲部位由 2 处增加到 3 处；当位错量大于 2.2D 时，在断层面与第一处屈曲部位之间又出现了 1 处皱起，整个管道出现了 5 处屈曲。同时，当位错量大于 1.75D 时，在屈曲部位外侧出现了应力集中区，应力呈节状分布，且应力值随着位错量的增加而增大。

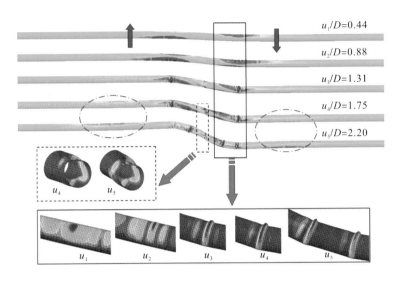

图 5-18 压力管道($P_{\max}$)的应力分布及屈曲模式

## 5.3 逆断层作用下埋地管道力学

### 5.3.1 软土地层中管道力学行为

跨逆断层埋地管道的计算模型如图 5-19 所示。断层面倾角 $\psi=30°$，管径为 813mm，管材 X80、壁厚为 8mm。假定回填土与地层土质相同，土体类型为黄土，管道埋深为 2m。

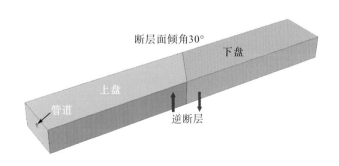

图 5-19 计算模型示意图

### 1. 内压对管道局部屈曲的影响

图 5-20 为管道发生局部屈曲前后的管土变形，出现局部屈曲前，整个管道发生弯曲变形后仍为光滑曲线；当发生局部屈曲后，整个管道的变形曲线由 S 形变为 Z 形。埋地管道上部回填土厚度相对下部地层较浅，当地层发生逆断错动时，断层面两侧管道的变形并非呈对称或反对称分布。管道变形作用导致下盘区地面出现较严重的隆起现象，而上盘区地面并未出现隆起。两个局部屈曲部位距离断层面的距离也不相同，上盘区管道局部屈曲部位距离断层面较近，而下盘区的屈曲部位距离断层面较远。

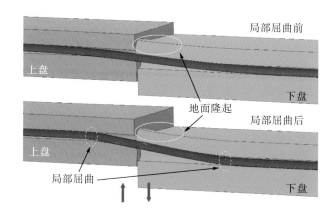

图 5-20　局部屈曲发生前后的管土变形

当断层位错量为 3.5$D$ 时，不同内压下管道的应力分布及局部屈曲模式如图 5-21 所示。管道出现两处局部屈曲，非屈曲管段应力随着内压增加而增大。无压和低压管道在逆断层作用下局部屈曲模式为压溃，随着内压增大，管壁屈曲模式由压溃变为起皱，且内压越大管道起皱幅度越大。通过对比，上盘区管道的局部屈曲幅度较下盘区更为严重，因而上盘区管段较早发生失效。上盘区局部屈曲管段与断层面之间的距离随内压变化较小；而下盘区管道处于压溃模式，该部位与断层面之间距离随着内压增加而减小。当内压为 8.4MPa 时，上盘区管段局部屈曲部位外侧出现一处应力集中，但其出现在起皱部位另一侧。

管道最大轴向应变集中在上盘区局部管壁，且最大压应变大于拉应变。图 5-22 为管道最大轴向应变随内压的变化曲线。无论何种压力管道，当地层位错量大于 3$D$ 时，管道的轴向应变迅速增大，说明管道出现局部压溃或起皱。当管道内压小于 0.6$P_{max}$ 时，管道的轴向应变随内压的增大而增大；当内压大于 0.6$P_{max}$，地层位错量小于 4$D$ 时，管道的轴向应变随内压增大而增大，而当位错量大于 4$D$ 时，管道的轴向应变随内压的增大而减小。这是由于地层位错量较大时，高压管道局部屈曲部位外侧又出现应力集中，从而缓解了屈曲部位的起皱幅度，因此管道初始屈曲部位的最大轴向应变有所降低。

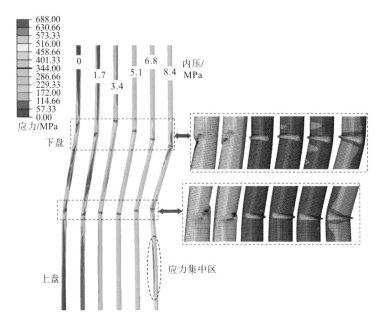

图 5-21　不同内压下管道的应力分布及局部屈曲模式

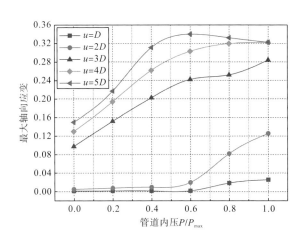

图 5-22　管道最大轴向应变随内压的变化曲线

## 2. 位错量对管道局部屈曲的影响

图 5-23 为不同位错量下无压管道的应力分布及局部屈曲模式。随着位错量增大，无压管道的应力集中越来越严重，而远离断层面的管段不受地层运动的影响；

当位错量小于 $D$ 时，无压管道仅发生弹性变形，应力集中区域较小；随着位错量增加，断层面两侧管壁逐渐发生塑性变形，并出现压溃形貌，且压溃幅度随位错量的增加而越发严重；两个屈曲部位之间的管段逐渐被拉伸，但该段中间部位的应力却逐渐减小；两个部位的管壁出现的压溃模式相同，但上盘区管段的压溃形貌较下盘区更为严重。

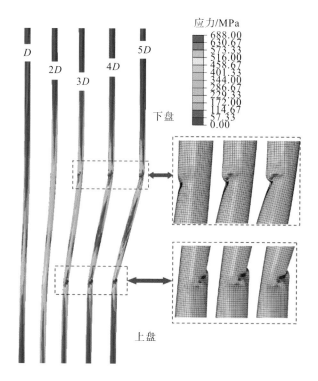

图 5-23　无压管道的应力分布及局部屈曲模式

当管道内压为 $0.6P_{max}$ 时，管道的应力分布及局部屈曲模式如图 5-24 所示。当位错量小于 $D$ 时，整个管段均未出现应力集中现象。随着位错量增加，断层面两侧管段出现了应力集中，管道发生弯曲变形，受压侧管壁的应力集中范围大于受拉侧。随着位错量进一步增加，两处应力集中部位的管壁出现了起皱现象，且起皱幅度随着位错量的增加而逐渐增大，且上盘区管段的起皱幅度大于下盘区管段。压力管道的变形曲线由 S 形变为 Z 形，在两个局部屈曲部位出现了拐点。

图 5-25 为埋地无压和压力管道最大轴向应变随位错量的变化曲线。当位错量小于 $1.23D$ 时，无压和压力管道均未发生塑性变形，因而管道的轴向应变变化非常小。随着位错量增加，管道的轴向应变增长率逐渐增大，而压力管道的增长率大于无压管道。当位错量为 $1.97D$ 时，压力管道轴向应变发生突变，而无压管道

轴向应变发生突变的临界位错量为 $2.21D$，说明这两种工况下的管道均出现局部屈曲。随着位错量的进一步增加，管道的轴向应变先以较大速率增大，而后变化率逐渐减小。由于内压作用，压力管道最大轴向应变大于无压管道。

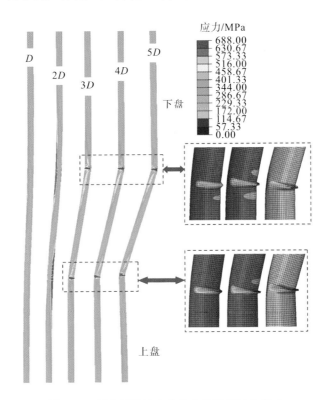

图 5-24　压力管道的应力分布及局部屈曲模式

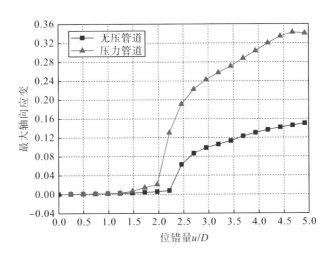

图 5-25　埋地管道最大轴向应变随位错量的变化曲线

## 3. 径厚比对管道局部屈曲的影响

当内压为 5.1MPa，位错量为 3.5$D$ 时，不同径厚比管道的应力分布如图 5-26 所示。在相同内压作用下，管道径厚比越大，管壁应力越大。随着径厚比减小，埋地管道的局部屈曲现象逐渐消失，且呈现出两个范围较大的应力集中区域。上盘区管道的应力集中区随管道径厚比的变化较小，而下盘区管段的应力集中区随径厚比的减小而逐渐远离断层面。因此，断层作用下薄壁管道更容易出现局部屈曲，增加壁厚可降低管道的局部变形。

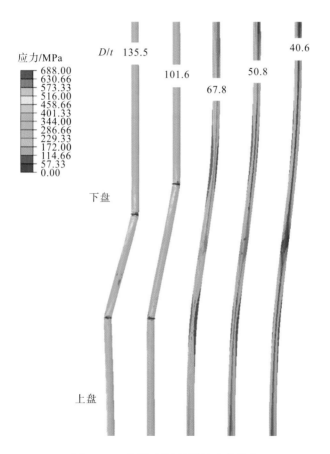

图 5-26　不同径厚比管道的应力分布

压力管道最大轴向应变随其径厚比的变化曲线如图 5-27 所示。在不同地层位错量的作用下，管道最大轴向应变随径厚比的变化规律不同。当断层量为 $D$ 时，管道轴向应变随径厚比的变化非常小；当断层量为 2$D$，径厚比大于 100 时，管道最大轴向应变随径厚比增加而迅速增大；当断层量为 3$D$ 时，管道轴向应变随径厚比增大而增大，但变化率先增大后减小；当断层量大于 3D 时，管道轴向应变随径厚比的增大呈先增大后减小的趋势，这是由于局部屈曲部位外侧又出现了一处应力集中，缓解了屈曲部位的起皱幅度。因此，断层量越大，管道壁厚越薄越容易出现局部压溃或起皱。

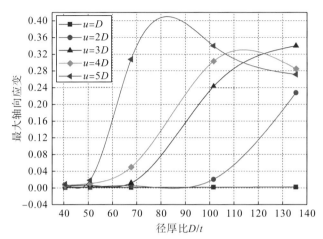

图 5-27　埋地管道最大轴向应变随径厚比的变化曲线

## 5.3.2　硬岩地层中管道力学行为

在逆断层作用下硬岩地层埋地管道的数值计算模型如图 5-28 所示。回填土为黄土，硬岩地层为石灰岩，管道埋深为 2m，管径为 813mm，壁厚为 8mm，管材 X65。

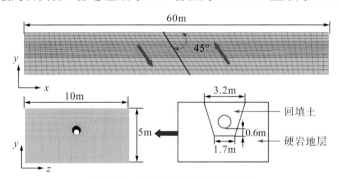

图 5-28　硬岩地层管土耦合模型

### 1. 管道内压的影响

当断层位移为 2.4m 时，不同内压下管道的应力分布和屈曲模式如图 5-29 所示。在埋地管道上，断层面两侧有两个屈曲位置。在逆断层位移作用下，埋地管道承受弯曲载荷，管段 A 下部被压缩，上部被拉伸，而管段 B 下部被拉伸，上部被压缩。因为岩层位于管道下部，土壤位于管道上部，管段 A 和 B 的屈曲位置和应力分布不同。随着内压增加，远离断层面的管道应力逐渐增大。当内压 $P \leqslant 0.4\ P_{\max}$ 时，A 段塑性应变大于 B 段；当 $P > 0.4 P_{\max}$ 时，A 段塑性应变小于 B 段；当内压较小时出现压溃屈曲，随着内压增大出现起皱；当内压为 $P_{\max}$ 时，A 段有两处褶皱，B 段有一处褶皱。

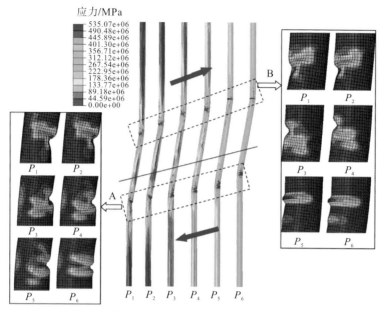

图 5-29　不同内压下埋地管道的应力分布和屈曲模式

($P_1=0$，$P_2=0.2P_{\max}$，$P_3=0.4P_{\max}$，$P_4=0.6P_{\max}$，$P_5=0.8P_{\max}$，$P_6=P_{\max}$)

不同内压下屈曲部位的最大轴向应变如图 5-30 所示。管段 B 的轴向应变随内

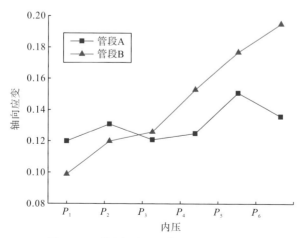

图 5-30　不同内压下屈曲部位的轴向应变

压增加而增大；但管段 A 的轴向应变曲线存在两种波动性，当内压 $P \leqslant 0.4\ P_{\max}$ 时，最大轴向应变大于管段 B；当内压 $P > 0.4\ P_{\max}$ 时，管段 B 的轴向应变较大。因此，当内部压力较小时，最危险部分是管段 A，但随着内部压力的增加，最危险部分变成管段 B。

## 2. 地层位错量的影响

不同位错量下埋地管道的应力分布和屈曲模式如图 5-31 所示。图 5-31 (a) 中，随着断层位错量的增加，屈曲现象更加严重；当位错量为 0.6m 时，管道不发生屈曲，仅为弹性变形；当位错量为 1.2m 时，A 段发生明显屈曲，B 段不发生屈曲。说明随着位错量增加，埋地管道屈曲首先出现在 A 段。图 5-31 (b) 中，当断层位错量小于 1.2m 时，埋地管道无屈曲现象，但随着断层位移增大，A 段出现两条褶皱，B 段只出现一条褶皱。

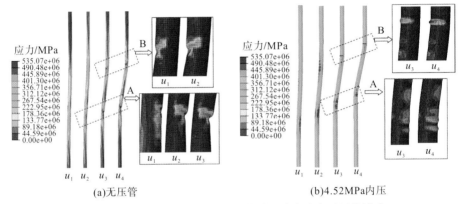

(a) 无压管　　　　　　　　　　　　　(b) 4.52MPa 内压

图 5-31　不同断层位错量下埋地管道的应力分布及屈曲模式

($u_1$=0.6m, $u_2$=1.2m, $u_3$=1.8m, $u_4$=2.4m)

不同断层位错量下的变形曲线如图 5-32 所示。管道位移随着断层位错量的增

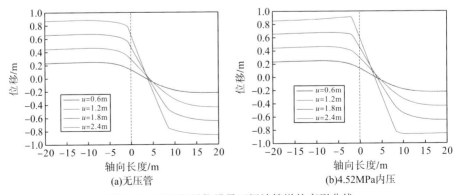

(a) 无压管　　　　　　　　　　　　　(b) 4.52MPa 内压

图 5-32　不同断层位错量下埋地管道的变形曲线

加而增加。变形曲线的形状由 S 形变为 Z 形，曲线存在两个拐点，代表两个屈曲位置。在相同断层位错量下，压力管道的屈曲比无压力管道更严重。

图 5-33 为屈曲位置的最大轴向应变随断层位错量的变化曲线。随着断层位错量增加，埋地管道轴向应变增大。断层位移过程可分为三个阶段，第一阶段($u \leqslant$ 1.2m)的轴向应变变化率较小；第二阶段($1.2 < u \leqslant 1.8m$)为过渡阶段，管道发生屈曲，但屈曲模式不确定，随着断层位移的增大，应变能重新分布，失稳模式更加严重，因此这一阶段的轴向应变波动较大；第三阶段的轴向应变曲线变化平稳（$u > 1.8m$），对于无压管道，管段 A 的最大轴向应变大于管段 B。

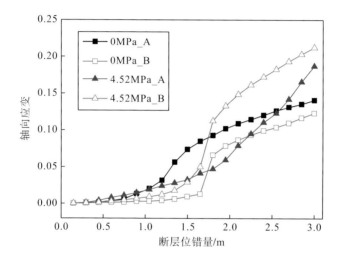

图 5-33　屈曲部位的轴向应变随断层位错量的变化曲线

但对于 4.52MPa 压力管道，当断层位错量小于 1.5m 时，A 段的最大轴向应变大于 B 段；当位错量大于 1.5m 时，B 段的最大轴向应变大于 A 段。对于管段 A，断层位移对无压管道与有压管道的轴向应变差的影响较大；对于 B 段，压力管道的轴向应变大于无压管道。

## 5.4　地震波作用下埋地管道力学响应

地震波在土体中的传播将迫使土体发生振动，因此管道将受到土体的作用而发生形变，相比断层，地震波的影响范围更广。

### 5.4.1 地震波作用下管道分析方法

#### 5.4.1.1 理论计算方法

**1. 简化法**

简化算法是假设土体应变与管道轴向正应变相等而推导得出。管道轴向应变的最大值[33]：

$$\varepsilon_{\max} = \frac{v_{\max}}{2c_s} \tag{5-2}$$

式中，$c_s$ 为剪切波的波速(cm/s)；$v_{\max}$ 为土壤振动的最大速度幅值(cm/s)。

不同地震烈度所对应土壤振动的最大速度幅值见表 5-2[34]。

表 5-2 不同地震烈度的土壤振动速度幅值

| 烈度 | VI | VII | VIII | IX | X |
|---|---|---|---|---|---|
| $v_{\max}/(\text{cm/s})$ | 7 | 14 | 26 | 50 | 100 |

在地震波作用下管、土之间存在相对滑动，因此需要引入轴向变形传递系数 $\zeta$ 对结果进行修正，管道的实际最大轴向应变：

$$\varepsilon_{P_{\max}} = \zeta \varepsilon_{\max} \tag{5-3}$$

管道应力：

$$\sigma_{\max} = E \varepsilon_{P_{\max}} \tag{5-4}$$

式中，$E$ 为管道弹性模量(N/mm²)。

**2. 规范法**

《室外给水排水和燃气热力工程抗震设计规范》(GB 50032—2003)[35]中给出了整体焊接钢管在水平地震作用下的最大应变量公式：

$$\varepsilon = \zeta U_{ok} \frac{\pi}{L} \tag{5-5}$$

式中，$\zeta$ 为传递系数；$L$ 为剪切波的波长(mm)；$U_{ok}$ 为管道埋深处土体的最大位移标准值(mm)。

$U_{ok}$ 可按下式计算[34]：

$$U_{ok} = \frac{K_H g T_g}{4\pi^2} \tag{5-6}$$

式中，$K_H$ 为设计地震加速度与重力加速度的比值，可按表 5-3 水平方向的地震系数进行取值；$g$ 为重力加速度(mm/s²)；$T_g$ 为管道埋设场地的特征周期(s)。

表 5-3　水平方向地震系数

| 抗震设防烈度 | VI | VII | VIII | IX |
|---|---|---|---|---|
| $K_h$ | 0.05 | 0.1 | 0.2 | 0.4 |

剪切波的波长按下式计算:

$$L = V_s T_g \tag{5-7}$$

式中, $V_s$ 为管道埋设深度处土层的剪切波速(mm/s), 一般取实测波速的 2/3。

标准给出管土变形传递系数:

$$\xi = \frac{1}{1 + \left(\dfrac{2\pi}{L}\right)^2 \dfrac{EA}{K}} \tag{5-8}$$

式中, $A$ 为管道横截面积(mm²); $K$ 为管道方向单位长度土体的弹性抗力(N/mm²)。

$$K = u_p k \tag{5-9}$$

式中, $u_p$ 为管道单位长度的外缘表面积(mm²/mm), 对无刚性管基的圆管即为 $\pi D$; $k$ 为沿管轴方向土体单位面积的弹性抗力, 一般可取 0.06N/mm²。

### 3. 拟静力分析法

由于管道质量远小于围土质量, 加之周围土体对管道的约束作用, 所以地震波作用下埋地管道自身动力的放大作用较小, 因此可以按照拟静力方法计算。该方法假定管土共同变形, 地震波在传播过程中的波形不变。管道沿纵轴方向的相对变形[34]:

$$\varepsilon_p = \zeta \varepsilon_x = \pm \frac{\zeta a T}{2\pi c} \tag{5-10}$$

管道沿纵轴方向的应力:

$$\sigma = E \varepsilon_p = \pm \frac{\zeta a T}{2\pi c} \tag{5-11}$$

式中, $a$ 为地震土体的振动加速度(mm/s²), $a = K_h g$, $K_h$ 为水平方向的地震系数, 可参考表 5-3 取值; $g$ 为重力加速度(mm/s²); $T$ 为场地卓越周期(s); $c$ 为地震波沿管轴的传播速度(mm/s)。

### 4. 基于地震波入射角的简化法

地震波的传播具有随机性, 考虑地震波入射角, 最大轴向应力可采用下式计算[34]:

$$\sigma_{max} = E \varepsilon_{max} = \frac{E T^2 a \sin\varphi \cos\varphi}{2\pi v_s T + \dfrac{8\pi E D \delta \cos^2\varphi}{k v_s T}} \tag{5-12}$$

式中，$T$ 为场地自振周期(s)；$\varphi$ 为地震波入射角；$v_s$ 为剪切波速(mm/s)；$D$ 为管道外径(mm)；$\delta$ 为管壁厚度(mm)；$k$ 为管道轴向弹簧系数，取为 0.66 $G$，$G$ 为地基土剪切模量(MPa)。

### 5.4.1.2　计算方法比较

埋地管道在地震波作用下的理论计算方法各有优劣，由于不同公式的求解原理存在差异，通过算例讨论给出计算方法选取建议。

以 X80 为例，基本模型的土体类型为Ⅲ类，地震烈度取Ⅷ度。土体参数如表 5-4 所示[36]。

表 5-4　土体参数

| 土质类型 | 剪切波速 /(m/s) | 卓越周期 /s | 密度 /(kg/m³) | 剪切模量 /MPa | 地震波长 /m |
|---|---|---|---|---|---|
| 坚硬土(Ⅰ类) | 500 | 0.35 | 2200 | 550 | 175 |
| 中硬土(Ⅱ类) | 400 | 0.38 | 2100 | 336 | 150 |
| 中软土(Ⅲ类) | 250 | 0.4 | 2000 | 125 | 100 |
| 软弱土(Ⅳ类) | 100 | 0.75 | 1700 | 17 | 75 |

图 5-34 为不同地震烈度下由四种计算方法得到的最大轴向应力。管道最大轴向应力随地震烈度的增大而逐渐增大。其中，基于地震波入射角法得到的结果最小，规范法最大，简化法与拟静力法所得计算结果适中，最大应力值接近。由于简化法与拟静力法都是基于管土同步变形而推导的，因此二者结果相近。由于规范法是标准中采用的公式，可用于指导实际工程，得到的结果偏安全。简化法计算步骤简单，只需知晓土体剪切波速与土壤最大振动速度即可计算，并且计算精度适宜，兼顾了适用性与真实性，具有一定优势。基于地震波入射角的计算方法综合考虑了地震波入射角度、地面运动加速度等因素，计算结果相对精确，但相较于其他三种方法，计算过程略显复杂。

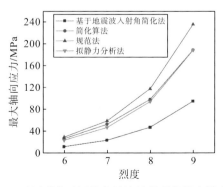

图 5-34　不同烈度下四种方法计算得到的最大轴向应力

图 5-35 为不同场地中由四种计算方法得到的最大轴向应力。随着场地剪切波速增大，管道的轴向应力逐渐减小，说明地震波对于软土地层中管道的损伤更大。其中简化法、规范法及基于地震波入射角简化法在不同场地中计算得到的最大应力变化规律相似，当场地剪切波速较小时，拟静力法所得结果较其余三种方法更大，说明拟静力法不适用于软土地层中管道应力的计算，存在一定局限性。简化算法的计算结果介于规范法与地震波入射角简化法之间，计算简便，具有较强的实用性。

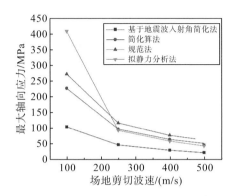

图 5-35　不同场地下四种方法计算得到的最大轴向应力

### 5.4.1.3　管土相互作用的变形传递系数

在地震作用下地下管道与周围土体间存在一定的相对滑动，需要引入变形传递系数，本节将通过算例对几种传递系数的计算方法进行比较。

（1）我国根据海城、唐山地震时管道震害资料所建立的传递系数经验公式 $\zeta_1$ 表达式[37]：

$$\zeta_1 = \frac{1}{1 + \dfrac{EAD}{2c_s^2}} \tag{5-13}$$

（2）《室外给水排水和燃气热力工程抗震设计规范》（GB 50032—2003）[35]基于弹性地基梁模型得到的变形传递系数 $\zeta_2$：

$$\zeta_2 = \frac{1}{1 + \dfrac{EA}{K}\left(\dfrac{2\pi}{L}\right)^2} \tag{5-14}$$

管土变形传递系数越接近 1，管土间的轴向变形差异越小。变形传递系数 $\zeta_1$ 与 $\zeta_2$ 随地剪切波速的变化如图 5-36（a）所示。$\zeta_1$ 与 $\zeta_2$ 均随场地剪切波速的增大而增大，剪切波速越大的坚硬场地，管道变形和场地变形越接近。对于钢管，标

准中给出传递系数 $\zeta_2$ 的计算结果远大于经验公式 $\zeta_1$，现有文献中的算例也得到了经验公式传递系数较标准系数小的结论，出于保守考虑，建议选择 $\zeta_2$。

通过对四种不同直径钢管进行计算，壁厚均为 8 mm，变形传递系数 $\zeta_1$ 与 $\zeta_2$ 随管道规格的变化如图 5-36(b) 所示。$\zeta_1$ 与 $\zeta_2$ 均随管径增大而减小，即当管道壁厚相同时，管径越大，管土间的相对变形越大。传递系数经验公式 $\zeta_1$ 受管径影响较大，计算稳定性差。为保证计算稳定性，建议选取 $\zeta_2$ 计算。

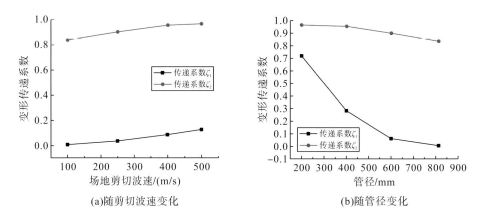

(a)随剪切波速变化                     (b)随管径变化

图 5-36　管土轴向变形传递系数的比较

### 5.4.2　黏弹性边界及地震动输入机制

#### 1. 黏弹性人工边界

当涉及结构-地基相关问题时，通常考虑从半无限的地基域里截取有限区域进行计算，此时涉及边界有限化处理的人工边界设置及地震动输入问题[38]。其中黏弹性人工边界能够较好地模拟远域地基的弹性恢复性能，并已在实际工程中得到广泛运用[39]，且在通用有限元软件中能够较方便地实现。

黏弹性人工边界需要在人工边界节点上设置线性弹簧与阻尼器并联的弹簧($K$)-阻尼($C$)系统[40]，其中弹簧与阻尼系数的计算公式[41]：

$$\begin{cases} K_{\mathrm{N}} = \alpha_{\mathrm{N}} \dfrac{G}{r}, \ C_{\mathrm{N}} = \rho c_{\mathrm{P}} \\ K_{\mathrm{T}} = \alpha_{\mathrm{T}} \dfrac{G}{r}, \ C_{\mathrm{T}} = \rho c_{\mathrm{S}} \end{cases} \tag{5-15}$$

式中，$K_{\mathrm{N}}$、$K_{\mathrm{T}}$ 为法向与切向弹簧刚度系数，$C_{\mathrm{N}}$、$C_{\mathrm{T}}$ 为法向与切向阻尼系数；$G$ 为介质剪切模量；$\rho$ 为介质密度；$r$ 为散射波源到人工边界的距离，可取模型几何中心到人工边界的距离；$c_{\mathrm{S}}$ 与 $c_{\mathrm{P}}$ 分别为横波和纵波的波速；$\alpha_{\mathrm{N}}$ 与 $\alpha_{\mathrm{T}}$ 分别为法向与切向黏弹性边界修正系数，三维问题中推荐分别取值为 1.33 和 0.67。

$c_S$ 和 $c_P$ 可表示[39]：

$$c_S = \sqrt{\frac{E}{2(1+\nu)\rho}} \tag{5-16}$$

$$c_P = \sqrt{\frac{(1-\nu)E}{(1+\nu)(1-2\nu)\rho}} \tag{5-17}$$

式中，$E$、$\nu$、$\rho$ 分别为地基弹性模量、泊松比和地基密度。

### 2. 地震波输入

通常已知地震动加速度时程，设置黏弹性边界后，需将地震加速度转化为人工边界结点上的等效载荷，实现黏弹性人工边界的波动输入[41]。如文献[42]所述，地壳深处向地表传播地震波，其入射方向将逐渐接近垂直水平地表竖向。本节对平面 S 波从底部垂直入射时土中管道的力学响应进行研究，各人工边界结点等效载荷计算如下[43]：

$$f_{lx}^{-z}(t) = A_l[K_l^\tau u_S(t) + C_l^\tau \dot{u}(t) + \rho c_S \dot{u}_S(t)] \tag{5-18}$$

$$\begin{cases} f_{lx}^{-x}(t) = A_l[K_l^n u_S(t-\Delta t_3) + C_l^n \dot{u}_S(t-\Delta t_3) + K_l^n u_S(t-\Delta t_4) + C_l^n \dot{u}_S(t-\Delta t_4)] \\ f_{lz}^{-x}(t) = A_l\rho c_S[\dot{u}_S(t-\Delta t_3) - \dot{u}_S(t-\Delta t_4)] \end{cases} \tag{5-19}$$

$$\begin{cases} f_{lx}^{+x}(t) = f_{lx}^{-x}(t) \\ f_{lz}^{+x}(t) = f_{lz}^{-x}(t) \end{cases} \tag{5-20}$$

$$f_{lx}^{-y}(t) = A_l[K_l^\tau u_S(t-\Delta t_3) + C_l^\tau \dot{u}_S(t-\Delta t_3) + K_l^\tau u_S(t-\Delta t_4) + C_l^\tau \dot{u}_S(t-\Delta t_4)] \tag{5-21}$$

$$f_{lx}^{+y}(t) = f_{lx}^{-y}(t) \tag{5-22}$$

式中，$\Delta t_3$ 和 $\Delta t_4$ 分别为 $l$ 结点处入射 S 波和地表反射 S 波的时间延迟，$\Delta t_3 = l/c_S$，$\Delta t_4 = (2L-l)/c_S$；$L$ 为底边界到地表的距离；$l$ 为 $l$ 结点到底边界的距离；$\rho$、$c_S$ 分别为介质密度和 S 波波速；$A_l$ 为 $l$ 结点的影响面积；$K_l^\tau$、$K_l^n$ 为 $l$ 结点切向与法向弹簧刚度系数；$C_l^\tau$、$C_l^n$ 为 $l$ 结点切向与法向阻尼系数；$u_S(t)$、$\dot{u}_S(t)$ 分别为 $t$ 时刻结点位移与速度。

等效地震载荷 $f$ 的下标代表 $l$ 结点号和力的分量方向，上标代表结点所在面的外法线方向，与坐标轴同向为正，反向为负。

选取包含峰值加速度在内的 6s El-centro 地震波加速度时程进行计算，首先对加速度时程曲线进行滤波与基线校正分析。将分析频率截断至 20Hz，滤波及基线校正后的 El-centro 波加速度时程曲线及对应的傅里叶振幅谱如图 5-37 所示。

### 3. 阻尼

土体介质阻尼采用瑞利阻尼，方程以矩阵形式给出[44]：

$$[C] = \alpha[M] + \beta[K] \tag{5-23}$$

式中，$[C]$ 为体系的阻尼矩阵；$[M]$ 和 $[K]$ 分别为质量矩阵与刚度矩阵；$\alpha$ 为质

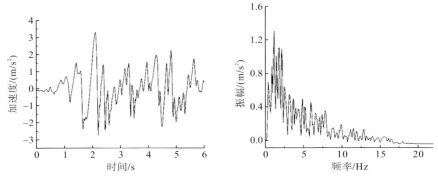

图 5-37  El-centro 波加速度时程曲线及傅里叶振幅谱

量阻尼系数；$\beta$ 为刚度阻尼系数。采用下式计算质量与刚度阻尼系数[44]：

$$\alpha = 2\zeta \frac{n\omega_1}{n+1} \tag{5-24}$$

$$\beta = 2\zeta \frac{1}{(n+1)\omega_1} \tag{5-25}$$

式中，$\zeta$ 为阻尼比；$\omega_1$ 为模型第一阶自振频率；$n$ 为大于 $\omega_e/\omega_1$ 的奇数，其中 $\omega_e$ 为输入地震波的卓越频率。

### 5.4.3  数值计算模型

从半无限地基中截取一长方体有限土体域，管径为 813mm，在土体模型底部及侧面施加黏弹性边界，地震波以剪切波的方式从模型底部输入，土体振动方向沿水平方向，波沿竖直方向传播。

不同土体类型参数如表 5-5 所示。首先选用黄土为例计算模型基频，输入地震波卓越频率为 1.172Hz，计算得到的瑞利阻尼系数 $\alpha$=0.4283，$\beta$=0.0044。

表 5-5  土体材料参数[30, 45, 46]

| 土体类型 | 密度/(kg/m³) | 弹性模量/MPa | 泊松比 | 黏聚力/kPa | 摩擦角/(°) |
|---|---|---|---|---|---|
| 黏土 | 1960 | 18 | 0.35 | 47 | 34 |
| 粉质黏土 | 1960 | 10 | 0.35 | 22 | 25 |
| 黄土 | 1400 | 33 | 0.44 | 24.6 | 11.7 |

采用文献[47]推荐的方法，首先进行静-动力人工边界转换，通过在边界施加约束反力来等效替代位移约束。引入重力场，使得模型在动力计算的初始时刻处于静力平衡状态，然后再对模型施加地震载荷进行分析。

### 5.4.4　管道截面应力"偏移效应"

在管道横截面将水平正方向设定为 0°，分别以 0°及 45°为起点，每隔 90°取一监测点，监测点均位于管道内壁，管道中间截面周向监测点的环向应力时程如图 5-38 所示。图 5-38(a) 中，由于管道受土体重力与侧压力的作用，管壁存在初始应力，90°与 270°方向(竖直方向)的初始应力约为-1.2MPa，0°与 180°方向(水平方向)的初始应力约为-1.4MPa。地震波作用下 4 个部位监测点应力均围绕初始应力值波动。其中，水平方向上两条应力时程曲线近似关于该方向的初始应力值对称，管壁顶部监测点的应力变化最为剧烈，底部监测点的应力波动幅度最小。

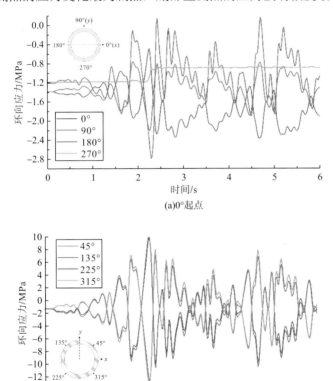

(a)0°起点

(b)45°起点

图 5-38　管内壁周向监测点的环向应力时程曲线

图 5-38(b) 中。管道横截面 45°、135°、225°、315°方向的初始应力基本相等，约为-1.24MPa。相比竖直与水平方向，45°起点的应力时程曲线的规律性较强。在地震波作用下管壁应力在初始应力值附近波动，其中 45°与 225°方向的应

力时程基本一致，135°与315°方向的应力时程基本一致；45°、225°方向的应力时程曲线与135°、315°方向应力时程曲线近似关于初始应力值对称。最大环向应力为-13.3MPa，位于315°方向，最大应力时刻为2.3s。由于地震波加速度最大时刻在2.12s，可见最大应力响应时刻滞后于地震波加速度的峰值时刻。

管道截面的环向应力最大值出现在2.3s，提取该时刻截面内、外壁应力分布曲线如图5-39所示。周向45°、135°、225°及315°存在应力极大值，管内壁的最大应力部位在周向315°，外壁最大应力部位在225°。图中内、外壁应力呈"蝶形"分布。0°~90°与180°~270°区间，管外壁应力大于内壁；90°~180°与270°~360°区间，管内壁应力大于外壁。说明地震波作用下管道截面应力分布出现了偏移，不同于静载工况。

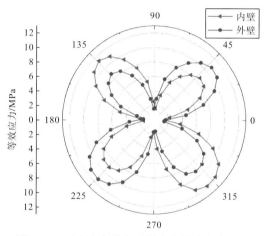

图 5-39　环向应力最大时刻内外管壁应力分布

2.3 s 时管道中间截面内、外壁的环向应力如图 5-40 所示。环向应力极大值同样出现在圆周45°、135°、225°及315°方向，管内、外壁的拉、压受力情况相

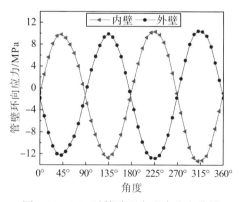

图 5-40　2.3s 时管壁环向应力分布曲线

反。内、外壁的环向应力沿圆周均呈正弦规律变化，整个圆周的环向应力变化两个周期。管道内外壁的环向应力曲线关于-1.3MPa 呈对称分布。图 5-41 中，$T=0s$ 时刻，初始状态下管道截面环向应力均为负，说明地应力场作用下管道截面整体受环向挤压作用。$T=2.3s$ 时，土体对管道的挤压力沿 45°～225° 方向，管道截面被挤压为椭圆，该方向管道外壁受压，内壁受拉。

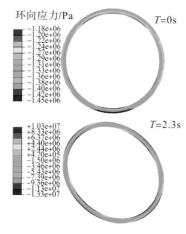

图 5-41　管壁环向应力分布云图

## 5.4.5　关键参数分析

### 1. 地震烈度的影响

地震烈度表示地震对地表及工程建筑物影响的程度，已知地震烈度为Ⅴ、Ⅵ、Ⅶ、Ⅷ度时对应的地震波速度峰值分别为 0.031m/s、0.062m/s、0.13m/s、0.25m/s[48]。在 El-centro 波作用下，管道横截面的应力最大部位在周向 315°，提取管内壁该部位节点的应力变化时程如图 5-42 所示。不同烈度下管道的环向应力变化规律基

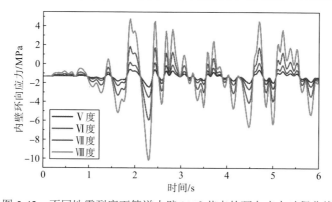

图 5-42　不同地震烈度下管道内壁 315° 节点的环向应力时程曲线

本一致，烈度仅引起应力幅值变化，应力幅值随烈度的增大而增大。

2.3s 时在不同地震烈度下管道内外壁的应力曲线如图 5-43 所示。对于内壁，当地震烈度为Ⅴ度和Ⅵ度时，应力曲线呈"单哑铃形"，哑铃长边沿 135°、315°方向；当地震烈度为Ⅶ度和Ⅷ度时，45°、225° 方向上出现新的哑铃形应力分布，整个应力曲线变为"双哑铃形"或"蝶形"，之后出现哑铃形状长边较短。随着地震烈度的增大，"哑铃形"长边逐渐增长，即应力最大值逐渐增大。

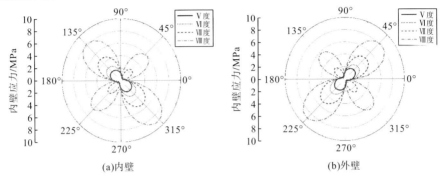

(a)内壁          (b)外壁

图 5-43 不同地震烈度下 2.3 s 时刻管壁应力分布曲线

如图 5-44 所示，随着烈度增加，截面应力逐渐增大，0°、90°、180° 和 270° 方向上始终为应力最小部位。内壁高应力区集中在 135°与 315°附近，该方向管道截面的应力从内壁向外壁逐渐减小；外壁高应力区集中在 45° 和 225°附近，该方向截面应力从内壁向外壁逐渐增大。

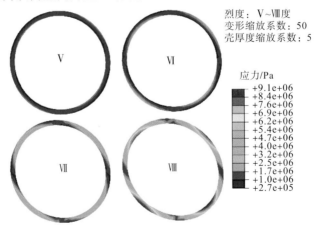

图 5-44 不同地震烈度下 2.3 s 时的管壁应力分布云图

2.3s 时在不同地震烈度下管道截面环向应力分布如图 5-45 所示。地震烈度越大，管道内外壁应力越大；不同地震烈度下内外壁的应力沿管壁周向均呈正弦波形变化，整个圆周环向应力变化两个周期；同一地震烈度下，管道内外壁两条环向应力曲线关于-1.3MPa 对称；当地震烈度为 V 度时，管道内外壁在整个圆周上的环向应力均为负，当地震烈度大于Ⅵ度后，因土体振动幅度增大导致管壁出现环向正应力。但 0°～90° 及 180°～270° 区间，不同烈度下外壁的环向应力均为负；在 90°～180° 及 270°～360° 区间，内壁环向应力均为负。

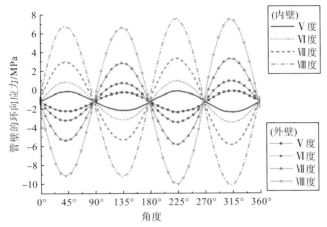

图 5-45　不同地震烈度下管壁的环向应力分布

## 2. 围土种类的影响

不同围土中管道内壁 315° 部位的环向应力时程如图 5-46 所示。管道初始应力主要与上覆土体的重量有关，其中黄土密度最小，因此黄土地层中的管道初始应力最小。不同类型土体中管道的应力时程变化规律相似，但是应力波动的响应时刻与幅值有较大差异。由于不同土体中地震波的传播速度不同，故导致管壁应力响应时刻差异，粉质黏土、黏土和黄土的应力最大值出现在 2.48s、2.4s 和 2.3s，均滞后于输入加速度最大时刻。粉质黏土中管道的应力波动幅值最大，黄土中的应力波动最小，管道环向压应力的最大值由大到小依次为粉质黏土>黏土>黄土。

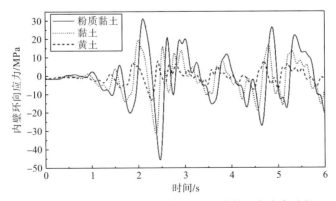

图 5-46　不同围土中管道内壁 315° 节点的环向应力时程

不同围土中应力最大时刻管道内壁的应力分布如图 5-47 所示。截面应力曲线呈"蝶形"分布，其中 45°、135°、225° 与 315° 方向上存在极大值，而 0°、90°、180° 与 270° 方向存在极小值。不同土体类型中管道应力的最大部位均位于周向 315° 处。

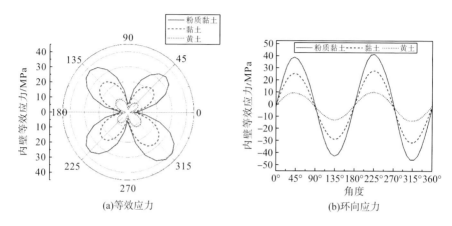

图 5-47　不同围土中应力最大时刻管道内壁的应力分布

不同围土中管道横截面的应力分布如图 5-48 所示。高应力区均位于 45°、135°、225° 与 315° 方向。45°～225° 连线方向，管道外壁为压应力区，内壁为拉应力区；135°～315° 连线方向，管道外壁为拉应力区，内壁为压应力区。粉质黏土中的管道形变最大，黄土中最小，表明不同土体对管道施加的挤压力不一致。

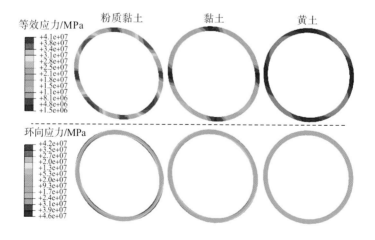

图 5-48　不同围土中环向应力最大时刻的管道应力分布

### 3. 埋深的影响

不同埋深管道内壁 315° 处的环向应力时程如图 5-49 所示。随着埋深增加，管道初始应力随之增大，这是由于埋深越深，上覆土体越重，管道初始应力越大；土层越深，土壤越致密，当地震波通过土体对管道施加挤压后，深层土体对管道的限制作用越强，形变能量聚集在管内。

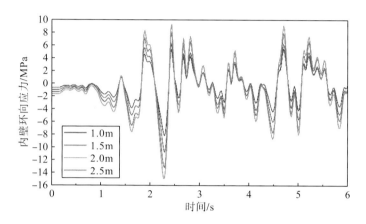

图 5-49　不同埋深下管道内壁 315° 节点处的环向应力时程

图 5-50 为环向应力最大时刻管道的等效应力分布。随着埋深增加大，管道应力逐渐增大，但埋深越深，应力增量越小。由于埋地管道受到上覆土体与管道自身重力的作用，管道截面下半部的应力大于上半部。

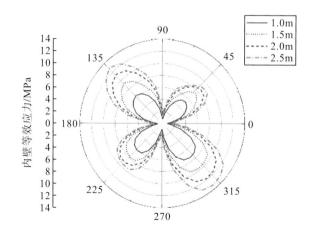

图 5-50　环向应力最大时刻不同埋深管道应力分布

### 4. 地震波类型的影响

地震波的产生具有随机性，增加 Kobe 波和 Northridge 地震波(图 5-51)进行比较分析，选取地震波时应包含地震波加速度最大值段，为满足地震波选取要求将三组地震波分析时长增加至 10s，并将新增两组地震波加速度幅值调整至与 El-centro 波相同，频率截断至 20Hz。

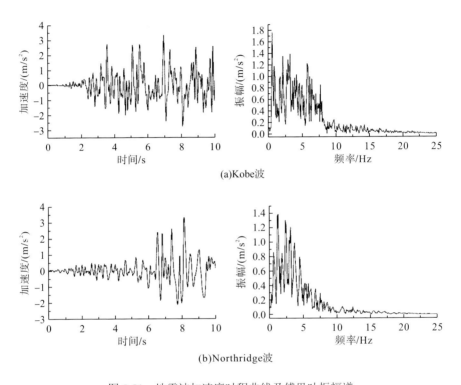

图 5-51    地震波加速度时程曲线及傅里叶振幅谱

在不同类型地震波的作用下管道内壁 315° 环向应力时程如图 5-52 所示。地震波类型不同可导致管道环向应力时程存在明显差异，说明管道应力变化时程与地震加速度时程有较大的相关性。在 El-centro 波作用下，管道应力主要在地震开始一段时间后剧烈变化，在 Kobe 波作用下管道应力自 2.5s 后持续剧烈波动，而在 Northridge 波作用下管道的环向应力主要在后半段时间剧烈变化。尽管已将三组地震波加速度峰值调整一致，但最大环向应力均不相同，说明管道力学响应还与输入地震波的频谱特性有关。

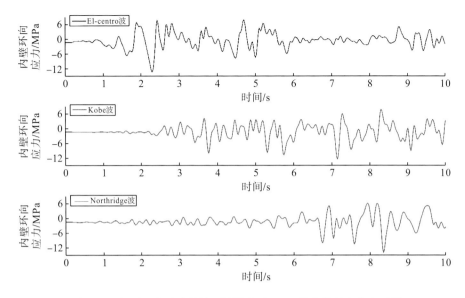

图 5-52　在不同类型地震波下管道内壁 315° 节点的环向应力时程

如图 5-53 所示(图中时刻均是内壁环向应力极值出现时刻)，在地震波作用下管道横截面的应力分布与大小均不断变化，由于不同时刻地震波的强度不同，所以通过土体施加于管道的挤压力不同，因此管道截面形状在时刻变化，管道截面由圆变为椭圆。共同特征：水平、竖直方向上始终为应力最小部位，而最大应力部位基本都处于偏离水平、竖直方向 45° 部位，这是地震波与地应力场的共同作用使管壁应力发生了偏转。

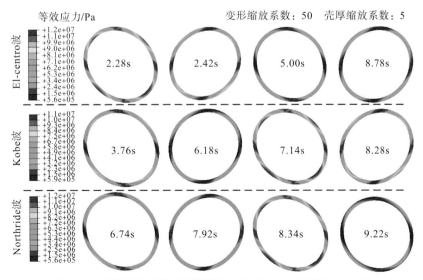

图 5-53　不同类型地震波下管道的应力分布与变形(放大 50 倍)

# 第 6 章 山体滑坡作用下埋地管道力学行为

在滑坡作用下天然气管道易发生破坏，造成天然气泄漏，进而引发火灾、燃爆等事故，甚至造成灾难性后果。因此，研究滑坡作用下的管道力学响应对其安全评价、维修防护至关重要。

根据滑坡与管道位置的关系，可将其分为横向滑坡和纵向滑坡，其中横向滑坡对管道危害最为严重。图 6-1 为管道穿越横向滑坡区域示意图。当横向滑坡作用时，埋地管道将受到滑坡侧向力，其与管道铺设后的形态有着密切关系[49]。按引起滑动的力学性质可以将横向滑坡分为牵引式和推移式两类：牵引式滑坡对管道下部无被动土压力，管道呈悬空状态；而推移式滑坡在发生整体滑动的情况下，下部岩土层对上部岩土层有一定的支撑作用[50]。

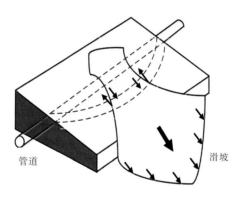

管道                                    滑坡

图 6-1  管道穿越横向滑坡区示意图

为此，提出一套改进的解析模型来描述牵引式滑坡作用下天然气管道力学响应问题。参照悬链线理论和大变形梁理论，得出管道在牵引式滑坡作用下的最终状态。根据边界条件，提出一种迭代的方法计算待定系数，最终得到相应的解析表达式。

## 6.1  管道力学模型

由弹性地基梁理论[51]可知，当管道发生弯曲时，管道下方的土体也会发生微小形变以抵抗外载作用, 如图 6-2 所示。由悬链线特征可知, 管道与土体在点 $A_1$ 处分离, 其边界 $A_1$ 处的曲率与 $A_1$ 点以后有限范围($A_1A_2$)内管道曲线曲率的符号相同, 均为正号, 即 $A_0A_1A_2$ 段呈现出凸曲线。$A_2$ 点以后, 由于滑坡作用, 根据大变形梁理论可知管道呈现出凹曲线, $A_2$ 点是管道曲线曲率由正变负的反曲点, 该点曲率为零。管道在 $A_3$ 点处的侧向位移最大, 曲线斜率为零。假设管道在几何及受力上都对称于 $y$ 轴。

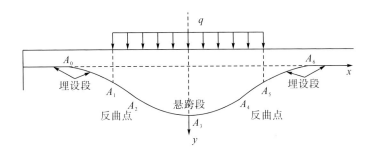

图 6-2　滑坡作用下管道的受力变形示意图

对于管道下面土体凹陷形成的悬空段, 不考虑管道内介质重量, 其横向力 $q$[52]:

$$q = \frac{1}{2} D \gamma_t h [1 + \tan^2(45° - \varphi/2)] \tag{6-1}$$

式中, $D$ 为管道外径, m; $\gamma_t$ 为覆土容重, kg/m$^3$; $h$ 为覆土高度(管道中心距填土表面的深度), m; $\varphi$ 为土壤内的摩擦角, (°)。

为简化假设, 取横向滑坡力 $q$ 为常数。

管道侧向运动时的土体响应采用理想线弹塑性模型[53], 可得如图 6-3 所示的双线性 $p$-$y$ 关系。土体抗力 $p$ 以 $k$ 的增长率线性增长, 直到达到最大值。当其达到最大抗力 $p_{0.1}$ 时, 对应的管道位移为 $0.1D$[14], 因此在 $0.1D$ 以内的土体抗力增长率为 $k=10p_{0.1}/D$。

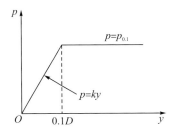

图 6-3　载荷位移关系

# 6.2 控制方程

由于模型的对称性，选取管道右半段作为研究对象。该管段根据其受力情况可分为三部分，如图 6-4 所示。

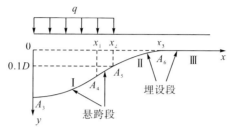

图 6-4  滑坡作用下管道受力变形的力学模型

## 6.2.1 管段 I

管段 I 处于滑床段，自管道侧向位移最大处 $A_3$ 点至滑床结束点 $A_5$。该管段的侧向位移最大，对整体管道的安全非常重要。根据弹性地基梁理论[54]，通过 $y$ 轴方向平衡可得控制方程：

$$EIy_1^4 - Ty_1'' = q + w \quad (0 \leqslant x \leqslant x_2) \tag{6-2}$$

式中，$y_I$ 为管道从 $A_3$ 到 $A_5$ 的侧向位移；$x$ 为 $A_4$ 点的 $x$ 轴坐标；$E$ 为管道的弹性模量；$I$ 为管道的惯性矩；$T$ 为未知拉力；$w$ 为管道重量。

解方程 (6-2) 可得

$$y_I = -\frac{w+q}{2T}x^2 + C_1 + C_2 x + C_3 e^{\alpha x} - C_4 e^{-\alpha x} \quad (0 \leqslant x \leqslant x_2) \tag{6-3}$$

式中，$C_1$、$C_2$、$C_3$、$C_4$ 为未知系数。其中

$$\alpha = \sqrt{\frac{T}{EI}} \tag{6-4}$$

从而可得弯矩：

$$M_I = -EIy_I'' \tag{6-5}$$

弹性范围内由管道轴力和弯矩造成的管道应变：

$$\varepsilon_I = \frac{T}{EA} + \frac{D|M_I|}{2EI} \tag{6-6}$$

式中，$\dfrac{D|M_I|}{2EI}$ 为管道弯曲应变，弯矩 $M_I$ 采用绝对值是因为其可能为正也可能为负。将应变和管道弹性模量 $E$ 相乘，即可得到管道应力。

### 6.2.2　管段 II

该管段侧向土体抗力随管道位移而发生线性变化，其控制方程：

$$EIy_{\text{II}}^4 - Ty_{\text{II}}'' + kDy_{\text{II}} = -w \quad (x_2 \leqslant x \leqslant x_3) \tag{6-7}$$

方程(6-7)的解：

$$y_{\text{II}}(x) = -\frac{w}{kD} + \mathrm{e}^{\beta x}[C_5 \cos\gamma x + C_6 \sin\gamma x] + \\ \mathrm{e}^{-\beta x}[C_7 \cos\gamma x + C_8 \sin\gamma x] \quad (x_2 \leqslant x \leqslant x_3) \tag{6-8}$$

式中，$C_5$、$C_6$、$C_7$、$C_8$ 为未知参数，且

$$\beta = \frac{1}{2}\sqrt{2\sqrt{\frac{kD}{EI}} + \frac{T}{EI}} \tag{6-9}$$

$$\gamma = \frac{1}{2}\sqrt{2\sqrt{\frac{kD}{EI}} - \frac{T}{EI}} \tag{6-10}$$

同理，可得管段 II 的弯矩和应变：

$$M_{\text{II}} = -EIy_{\text{II}}'' \tag{6-11}$$

$$\varepsilon_{\text{II}} = \frac{T}{EA} + \frac{D|M_{\text{II}}|}{2EI} \tag{6-12}$$

需指出，当 $x \geqslant x_3$ 时，管道的侧向位移非常小，利用 $A_6$ 处的边界条件可知，$C_5$ 和 $C_6$ 都非常小，为简化计算(此处对计算精度的影响极小，可以忽略不计)，令 $C_5$ 和 $C_6$ 均为零。

### 6.2.3　管段 III

该管段的侧向位移非常小，可以忽略。因此，可认为该管段仅受轴向土体抗力作用。轴向土体抗力可以通过将管道法向接触力 $w_n$ 和摩擦系数相乘得到。摩擦系数与土体性质密切相关。Bruton 等[55]指出摩擦系数为 0.15~1.5。

远离滑坡区管道的轴向拉力逐渐减小。这部分管道末端的轴向拉力为零。其长度可以通过 $A_6$ 点拉力和单位管道长度受到的土体抗力得到。

## 6.3　力学模型求解

### 6.3.1　待定系数分析

建立的力学模型中共有 $C_1$、$C_2$、$C_3$、$C_4$、$C_7$、$C_8$、$T$、$x_1$、$x_2$、$x_3$ 共 10 个未

知量。

由 $A_5$ 点的连续性条件可知：

$$y_{\text{I}}\big|_{x=x_2} = 0.1D \tag{6-13}$$

$$y_{\text{II}}\big|_{x=x_2} = 0.1D \tag{6-14}$$

$$y_{\text{I}}'\big|_{x=x_2} = y_{\text{II}}'\big|_{x=x_2} \tag{6-15}$$

$$y_{\text{I}}''\big|_{x=x_2} = y_{\text{II}}''\big|_{x=x_2} \tag{6-16}$$

$$y_{\text{I}}'''\big|_{x=x_2} = y_{\text{II}}'''\big|_{x=x_2} \tag{6-17}$$

由 $A_3$ 点及 $A_4$ 点的边界条件可知：

$$y_{\text{I}}'\big|_{x=0} = 0 \tag{6-18}$$

$$y_{\text{I}}''\big|_{x=x_1} = 0 \tag{6-19}$$

$$y_{\text{I}}'''\big|_{x=0} = 0 \tag{6-20}$$

其中，

$$y_{\text{I}}' = -\frac{w+q}{T}x + C_2 + \alpha(C_3 e^{\alpha x} + C_4 e^{-\alpha x}) \tag{6-21}$$

$$y_{\text{I}}'' = -\frac{w+q}{T} + \alpha^2(C_3 e^{\alpha x} - C_4 e^{-\alpha x}) \tag{6-22}$$

$$y_{\text{I}}''' = \alpha^3(C_3 e^{\alpha x} + C_4 e^{-\alpha x}) \tag{6-23}$$

$$y_{\text{II}}' = e^{-\beta x}[C_8(\gamma\cos\gamma x - \beta\sin\gamma x) - C_7(\gamma\sin\gamma x + \beta\cos\gamma x)] \tag{6-24}$$

$$y_{\text{II}}'' = e^{-\beta x}\{C_8[(\beta^2-\gamma^2)\sin\gamma x - 2\beta\gamma\cos\gamma x] + C_7[(\beta^2-\gamma^2)\cos\gamma x + 2\beta\gamma\sin\gamma x]\} \tag{6-25}$$

$$y_{\text{II}}''' = e^{-\beta x}\{C_8[\beta(3\gamma^2-\beta^2)\sin\gamma x + \gamma(3\beta^2-\gamma^2)\cos\gamma x] + C_7[-\gamma(3\beta^2-\gamma^2)\sin\gamma x + \beta(3\gamma^2-\beta^2)\cos\gamma x]\} \tag{6-26}$$

当滑坡作用在整个悬跨段时，管道在拉力作用下的伸长量和管道几何变形 $\Delta l_1$ 相等。$\Delta l_1$ 可以通过几何积分得

$$\Delta l_1 = \int_0^{x_2}\sqrt{1+y_{\text{I}}'^2}\,dx + \int_{x_2}^{x_3}\sqrt{1+y_{\text{II}}'^2}\,dx - x_3 \tag{6-27}$$

式中，$x_3$ 为管道侧向位移非常小的位置。$x_3$ 右侧管道的轴向拉力 $T$ 在轴向摩擦力 $f$ 的作用下逐渐减小，所以管道伸长量可以通过下式得[56]

$$\Delta l_2 = \frac{T}{EA}x_3 + \int_0^{T/f}\frac{fx}{EA}\,dx \tag{6-28}$$

式中，$A$ 为管道截面面积。

从而有

$$\Delta l_1 = \Delta l_2 \Rightarrow \frac{T}{EA}x_3 + \frac{T^2}{2fEA} = \int_0^{x_2}\sqrt{1+y_{\text{I}}'^2}\,dx + \int_{x_2}^{x_3}\sqrt{1+y_{\text{II}}'^2}\,dx - x_3 \tag{6-29}$$

## 6.3.2　待定系数求解

由式(6-13)～式(6-20)、式(6-29)组成方程组，包含 9 个方程，10 个未知数，且方程形式复杂。因此，应用传统方法无法求解。根据其中参数的特征，采用如下计算方法。

由式(6-10)可知，若要使 $\gamma$ 存在，则有

$$2\sqrt{\frac{kD}{EI}}-\frac{T}{EI}\geqslant 0 \tag{6-30}$$

得

$$T\leqslant 2\sqrt{kDEI} \tag{6-31}$$

当 $x_2$ 到其最大值时，管道从 $O$ 到 $x_2$ 的滑坡力等于从 $O$ 到 $x_3$ 的土体抗力[50]，由此可得

$$qx_2=p(x_3-x_2) \tag{6-32}$$

解得

$$x_{3\max}=\frac{q+p}{p}x_2 \tag{6-33}$$

将式(6-21)～式(6-26)代入式(6-13)～式(6-20)可得(考虑到滑坡力相对于管道重量很大，此处省略管道重量)

$$\cos(\gamma x_2)C_7+\sin(\gamma x_2)C_8=0.1De^{\beta x_2} \tag{6-34}$$

$$C_1+x_2C_2+e^{\alpha x_2}C_3-e^{-\alpha x_2}C_4=0.1D+\frac{q}{2T}x_2^2 \tag{6-35}$$

$$C_2+\alpha e^{\alpha x_2}C_3+\alpha e^{-\alpha x_2}C_4+e^{-\beta x_2}(\gamma\sin\gamma x_2+\beta\cos\gamma x_2)C_7$$
$$-e^{-\beta x_2}(\gamma\cos\gamma x_2-\beta\sin\gamma x_2)C_8=\frac{q}{T}x_2 \tag{6-36}$$

$$\alpha^2e^{\alpha x_2}C_3-\alpha^2e^{-\alpha x_2}C_4-e^{-\beta x_2}[(\beta^2-\gamma^2)\cos\gamma x_2+2\beta\gamma\sin\gamma x_2]C_7$$
$$-e^{-\beta x_2}[(\beta^2-\gamma^2)\sin\gamma x_2-2\beta\gamma\cos\gamma x_2]C_8=\frac{q}{T} \tag{6-37}$$

$$C_2+\alpha C_3+\alpha C_4=0 \tag{6-38}$$

$$e^{-\beta x_2}\{C_8[\beta(3\gamma^2-\beta^2)\sin\gamma x_2+\gamma(3\beta^2-\gamma^2)\cos\gamma x_2]$$
$$+C_7[-\gamma(3\beta^2-\gamma^2)\sin\gamma x_2+\beta(3\gamma^2-\beta^2)\cos\gamma x_2]\}=$$
$$\alpha^3(C_3e^{\alpha x_2}+C_4e^{-\alpha x_2}) \tag{6-39}$$

$$C_3e^{\alpha x_1}-C_4e^{-\alpha x_1}=\frac{q}{\alpha^2T} \tag{6-40}$$

$$C_3+C_4=0 \tag{6-41}$$

观察式(6-34)～式(6-41)，可以将 $C_1$、$C_2$、$C_3$、$C_4$、$C_7$、$C_8$、$x_1$ 用 $x_2$、$T$ 和

$x_3$ 表示。其中 $x_2$ 为给定的滑坡宽度，同时假定一个 $x_3$ 和 $T$，将其代入式(6-34)～式(6-38)、式(6-40)、式(6-41)中，不断修正 $x_3$ 和 $T$。首先需要使其近似满足式(6-17)的连续性条件，即 $|y_I'''(x_2) - y_{II}'''(x_2)| < \delta_1$，其中 $\delta_1$ 是一个定义的小量，为得到较高的精度，这里推荐取 $1\times10^{-6}$。由前面的分析可知，将 $x_3$ 和 $T$ 的初值设为 $x_{3max}$ 和 $T$ 的最大值［由式(6-31)得到］。然后，将计算得到的 $x_3$ 和 $T$ 及其他参数代入式(6-42)并计算每个迭代过程中的轴向摩擦力 $f$，由式(6-29)得

$$f = \frac{T^2}{2EA(\int_0^{x_2}\sqrt{1+y_I'^2}\,\mathrm{d}x + \int_{x_2}^{x_3}\sqrt{1+y_{II}'^2}\,\mathrm{d}x) - 2EAx_3 - 2Tx_3} \tag{6-42}$$

每次计算得到的摩擦力都需进行验证，以满足不等式 $|f - f_0| < \delta_2$。其中，$\delta_2$ 是一个定义的小量，推荐 $\delta_2 = 0.1\mathrm{N/m}$。如果达不到 $\delta_1$ 的精度，就需要先对 $T$ 进行修正，重新再将 $x_3$ 和新的 $T$ 代入求解；如果不满足摩擦力不等式，就需要对轴向拉力 $x_3$ 进行修正，并再次将新的 $x_3$ 和上一轮的 $T$ 代入求解。当满足摩擦力的不等式，最后得到的轴向拉力及其他参量即可达到标准，输出结果。需要说明 $A_6$ 是管道侧向位移较小的位置，可取 $x_3$ 为较大值以保证足够的精度。上述算法的流程图如图 6-5 所示[57]。

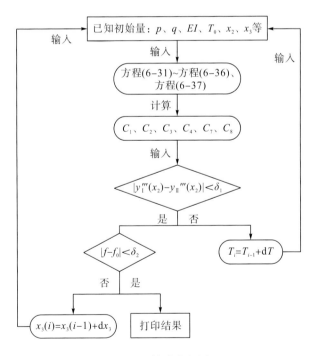

图 6-5　算法流程图

## 6.4　算例分析

开展案例分析，表 6-1 为管道力学参数，表 6-2 为解析模型算法中需要输入的初值及误差数值。

表 6-1　管道力学参数

| $E/\mathrm{GPa}$ | $I/\mathrm{m}^4$ | $A/\mathrm{m}^2$ | $q/(\mathrm{N/m})$ | $d/\mathrm{m}$ | $D/\mathrm{m}$ | $k/(\mathrm{N/m})$ |
|---|---|---|---|---|---|---|
| 210 | $1.87\times10^{-3}$ | $3.7\times10^{-2}$ | 700 | 0.57 | 0.61 | $5\times10^4$ |

表 6-2　解析模型待定系数求解参数

| $\delta_1$ | $\delta_2$ | $T/\mathrm{N}$ | $\mathrm{d}T/\mathrm{N}$ | $x_1/\mathrm{m}$ | $x_2/\mathrm{m}$ | $x_3/\mathrm{m}$ | $\mathrm{d}x_3/\mathrm{m}$ | $f_0/\mathrm{N}$ |
|---|---|---|---|---|---|---|---|---|
| $1\times10^{-4}$ | 0.1 | $6.92\times10^6$ | $-50$ | 100 | 120 | 150 | $-0.5$ | $2.45\times10^4$ |

由于方程组系数矩阵存在数量级差距较大的元素，所以对系数矩阵进行截断奇异值处理，可求得管段 Ⅰ 和管段 Ⅱ 的解析表达式(6-43)、式(6-44)[58]。

$$y_{\mathrm{I}} = -5\times10^{-5}x^2 + 0.7469 + 5.56\times10^{-9}(\mathrm{e}^{0.13x} + \mathrm{e}^{-0.13x}) \tag{6-43}$$

$$y_{\mathrm{II}} = 10^3\times\mathrm{e}^{-0.0845x}[8.0173\cos(0.014x) + 2.403\sin(0.014x)] \tag{6-44}$$

### 6.4.1　滑坡宽度

图 6-6 为滑坡力为 700N/m 时不同滑坡宽度的管道位移曲线。当滑坡宽度为 140m 时，管道的最大位移为 1.0068m。随着滑坡宽度增加，管道最大位移也增加。

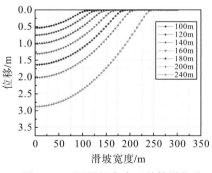

图 6-6　不同滑坡宽度下的管道位移

当滑坡力为 700N/m 时，不同滑坡宽度下管道的总应力分布如图 6-7 所示。在弹性范围内，管道的最大总应力随滑坡宽度的增加而增加。当滑坡宽度为 180m

时，最大应力为 256.21MPa，当滑坡宽度为 240m 时，最大应力为 290.9MPa，相差 9.69%。由图可知，应力曲线的峰值是尖锐的，没有平滑过渡区，即管道中没有塑性变形。原因是其最大应力为 290.9MPa，远低于 X80 的屈服极限 555MPa；管道在滑坡处发生应力突变，从计算模型的角度考虑，这是滑坡力在滑坡宽度处从 700N/m 突变为 0 所致。

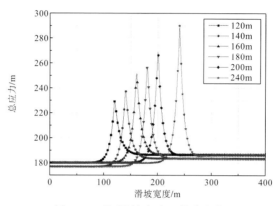

图 6-7    不同滑坡宽度下的总应力

## 6.4.2    滑坡力

当滑坡宽度为 180m 时，在不同滑坡力作用下管道的位移曲线如图 6-8 所示。随着滑坡力的增加，管道的最大位移不断增大。当滑坡力为 500N/m 时，管道的最大位移为 1.1955m；当滑坡力为 1000N/m 时，管道的最大位移为 2.299m。最大位移增加量较为接近，即在 500~1000N/m，管道最大位移随滑坡力的增加而近似呈线性增加。

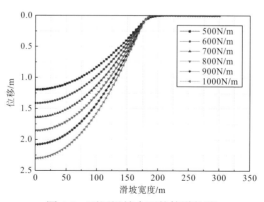

图 6-8    不同滑坡力下的管道位移

如图 6-9 所示，当滑坡宽度为 180m 时，管道的最大弯曲应变随滑坡力的增大而增大。当滑坡力为 500N/m 时，管道的最大弯曲应变为 $2.2577×10^{-4}$；当滑坡力为 1000N/m 时，管道的最大弯曲应变为 $5.2311×10^{-4}$。不同滑坡力下管道的最大弯曲应变发生在滑坡宽度约 180m 处，所以在滑坡末端是发生最大变形的地方，其原因是该处的管道变形最大，会出现应力集中现象。因此，对于易发生滑坡区域的管道，应在滑床段与非滑床段接触区域采取保护措施。

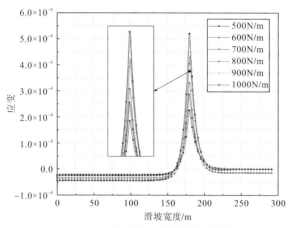

图 6-9　不同滑坡力下管道的应变

### 6.4.3　管道壁厚

当管道内径为 0.57m，滑坡力为 700N/m，滑坡宽度为 180m 时，壁厚对管道位移的影响如图 6-10 所示，由图可知，管道的最大位移随管道壁厚的增加而减小。

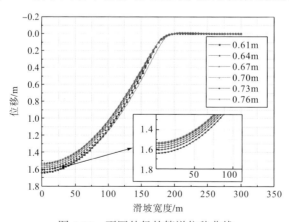

图 6-10　不同外径的管道位移曲线

随着壁厚的增加，管道的最大位移不会无限减小。在方程有解的前提下，即在一定管道壁厚范围内，当管道壁厚增加到一定值时，管道的最大位移减小量逐渐降低，最大位移逐渐接近一定值。如图 6-11 所示，由最大位移组成的曲线呈微弱凹曲姿态，这是由于随着壁厚的增加，管道刚度增加，更容易抵抗外力并减少自身变形。

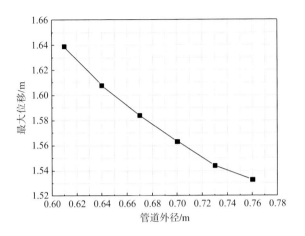

图 6-11　不同外径的管道最大位移量

当滑坡力为 700N/m，滑坡宽度为 180m 时，不同外径下管道的弯曲应变分布如图 6-12 所示。可知，随着管道厚度增加，管道的最大弯曲应变呈下降趋势。当外径为 0.61m 时，管道的最大弯曲应变为 $3.31\times10^{-4}$，当管道外径为 0.76m 时最大弯曲应变为 $1.902\times10^{-4}$。这种现象在管道最大弯曲应变中更明显，其原因与上述相同。管道最大弯曲应变增长率的绝对值降低，同时管道最大弯曲应变出现在滑坡末端，因此应特别注意确保该段管道的安全运行。

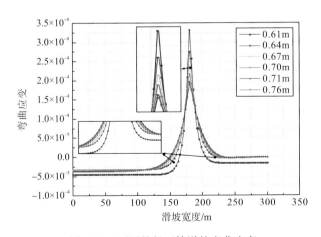

图 6-12　不同外径下管道的弯曲应变

## 6.5　滑坡段埋地管道仿真分析

### 6.5.1　数值计算模型

建立横向滑坡与埋地管道的数值计算模型，模型宽度为 200m，滑坡体宽度为 40m，管道埋深为 2m。管道直径为 660mm，壁厚为 8mm，管材 X65，管道内压为 3MPa。初始分析时，假定滑坡体与滑坡床土质相同，均为粉质黏土。

### 6.5.2　滑坡床性质对管道力学影响

图 6-13 为典型滑坡段管道的应力和变形过程。在滑坡体运动作用下，管道中段逐渐发生弯曲变形，管道应力逐渐增大。当滑坡体的滑移量较小时，管道局部出现应力集中，但不会超过管材的屈服极限；随着滑移量增大，管道出现了三个高应力区，分别位于管道中端与后端滑坡体接触一侧及位于滑坡床区的两端管段弯曲内侧，该三处出现了塑性变形。当坡体滑移量较大时，在前面三处的管段另一侧也出现了高应力区，并发生塑性变形。在整个管道变形过程中，主要为拉应变，当超过管道极限应变时，管道可能发生拉断事故，引起油气泄漏。

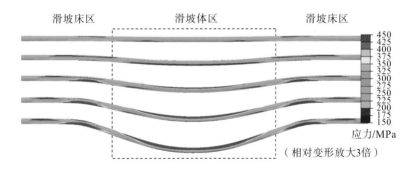

图 6-13　滑坡体运动作用下的管道变形过程

为研究滑坡床土体性质对管道力学的影响，对下述两种工况进行对比分析。工况 1：滑坡体和滑坡床均为粉质黏土；工况 2：滑坡体为粉质黏土，滑坡床为黄土。当坡体滑移量为 3m 时，管道应力云图如图 6-14 所示，两种工况下的管道应力分布较为接近。

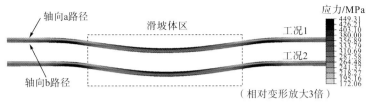

图 6-14　两种工况的管道应力分布

　　为了定量描述管道的应力分布，提取图 6-14 中 a、b 路径的管道应力进行分析，如图 6-15 所示。对于 a 路径，两种工况下均出现了两处塑性变形区，但是工况 2 中位于滑坡床段管道的塑性变形区更接近于管道中段，表明滑坡床体的土质越硬，管道发生危险的部位越靠近管道中段。对于 b 路径，工况 1 中管道仅出现了 1 处塑性变形，在管道中段下部并未出现塑性变形，而工况 2 中管道却出现了 2 处塑性变形，表明黄土滑坡床中埋地管道更为危险。

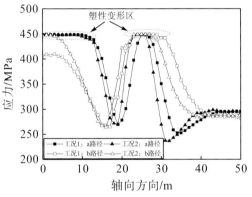

图 6-15　两种工况下管道的应力分布

　　图 6-16 为两种工况下管道的位移曲线，两条曲线的差别主要位于滑坡床与滑

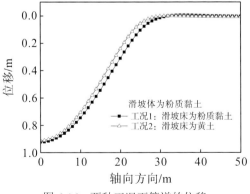

图 6-16　两种工况下管道的位移

坡体交界面附近。由于粉质黏土较黄土的变形大，所以在滑坡体运动过程中的管道位移较大。但是位于黄土滑坡床段的管道位移相对较小，因而管道在弯曲变形部位的曲率较小，更易发生破坏。

图 6-17 为坡体滑移量为 3m 时管道轴向应变云图，最大轴向应变出现在滑床管段的弯曲变形部位，最大拉应变出现在弯曲段外侧，最大压应变出现在弯曲段内侧。由于管道的压应变远小于拉应变，说明拉应变是造成管道失效的主要原因。

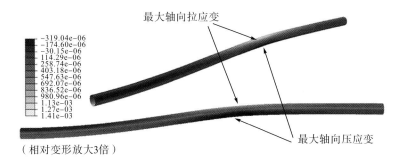

图 6-17　管道轴向应变分布

图 6-18 为管道弯曲外侧的轴向应变分布曲线，工况 1 中管道的最大拉应变距离中心 26m，而工况 2 中的最大拉应变位于 24m 处，说明这两处管道最易发生拉断事故，且均处于滑坡体外的滑床区（滑坡体半宽 20m）内。黄土滑床中管道的最大应变为粉质黏土滑床的 1.7 倍，说明滑坡床土质越硬管道越易发生断裂事故。

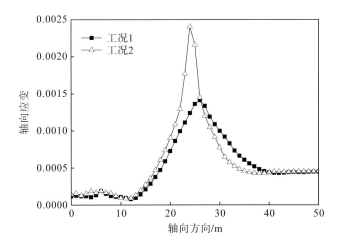

图 6-18　两种工况下管道的轴向应变曲线

# 第7章　落石冲击作用下管道力学行为

## 7.1　落石冲击架设管道力学行为

### 7.1.1　计算模型

落石形状千差万别,假设落石形状为球形,半径为100mm,密度为2700kg/m³,弹性模量为55.8GPa,泊松比为0.25。管道直径为350mm,壁厚为10mm,材料极限破裂应变为0.74,屈服极限为443MPa,硬化模量为320MPa,伸长率为0.37[59],管道内压为10MPa。将落石对管道的冲击问题简化为球体对管道的冲击,球体质量分布均匀,管道为理想为弹塑性材料。

假设球形落石以垂直方向冲击管道正上方,由于结构具有对称性,所以选取整个模型的1/4进行分析,如图7-1所示。

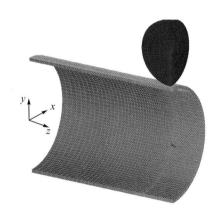

图7-1　有限元计算模型

### 7.1.2　管道力学响应

图7-2为落石冲击前后管道的形状,落石冲击后在管壁上形成了一个凹坑。4.5ms内落石冲击凹坑深度随时间的变化曲线如图7-3所示。初始阶段,冲击深度随时间的增加而急剧增大,在1.3ms时达到最大值,最大深度为27.1mm;然后凹

坑出现回弹，这主要是由于管道在外力作用下发生弹性变形，当外力消失，即落石被弹回时，管道的弹性变形将会恢复；由于材料在落石冲击过程中发生了塑性变形，但冲击凹坑并没有消失，而是形成了永久塑性变形。

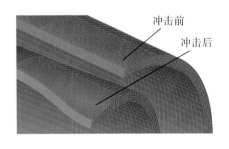

图 7-2　落石冲击前后管道的形状

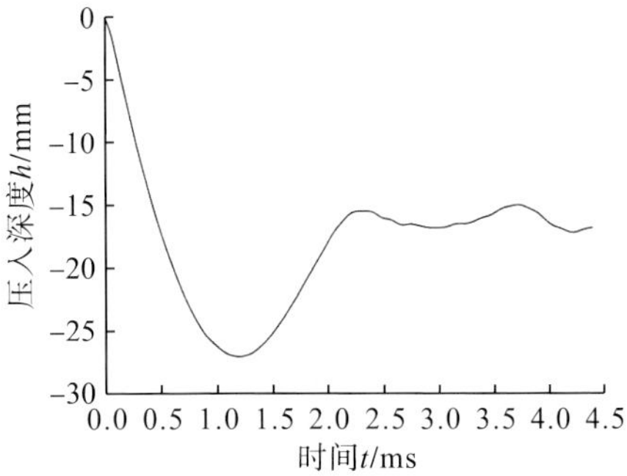

图 7-3　冲击深度随时间的变化曲线

图 7-4 为管道受冲击过程中的最大凹坑形状和最后塑性变形的凹坑形状。落石冲击管道的过程中，除了受冲击部位，与其邻近部位也发生了较大的弹性变形，而发生塑性变形的范围较小。最大永久塑性变形坑深为 15.5mm，为最大冲击深度的 57.2%，说明落石的大部分能量主要用于管道的塑性变形。

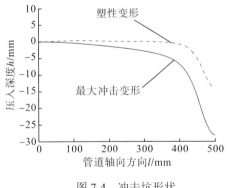

图 7-4　冲击坑形状

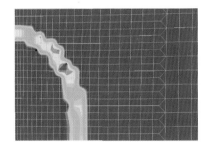

图 7-5　落石与管道的接触云图

当管道出现最大凹坑时，落石与管道的接触云图如图 7-5 所示。落石与管道的接触区域为椭圆环，管道轴向为椭圆长轴，横截面方向为椭圆短轴。由于椭圆中心部分最先与落石发生接触，所以该部位最先发生塑性变形，而邻近部位仅发生弹性变形，最终形成环形接触区。为了便于分析，将落石与管道的接触椭圆长半轴和短半轴与管道外径之比分别定义为接触椭圆的长轴和短轴接触长径比。

### 7.1.3 参数分析

落石对管道的冲击过程是一个复杂的过程，涉及影响因素很多，且不同影响因素的影响程度也不相同，所以对管道进行安全评价较为困难。以下主要从落石冲击速度、管道内压、落石半径和冲击位置 4 个方面来研究其对管道响应特性的影响。

#### 1. 落石冲击速度

落石冲击速度过小，则不会对管道产生影响，反之可能会使管道发生破裂。落石冲击速度与其发生滑落或剥落的岩体高度有关，或是由于人工爆破导致岩石飞溅等相关。

图 7-6 为不同冲击速度下的管道凹陷率与接触长径比。从图 7-6(a)可看出，落石冲击速度越大，管道凹陷率就越大，即管道发生最大冲击变形和塑性变形时产生凹坑深度越大，但塑性凹坑深度的增长率小于最大冲击坑深的增长率。当冲击速度为 100m/s 时，管道的最大凹陷率为 23%，该状态下管道非常危险，极易发生破裂。图 7-6(b)中，随着冲击速度的增大，落石与管道接触长径比逐渐增大；无论是长半轴还是短半轴与速度均成非线性规律变化，且速度越大，二者的增长率就越小。

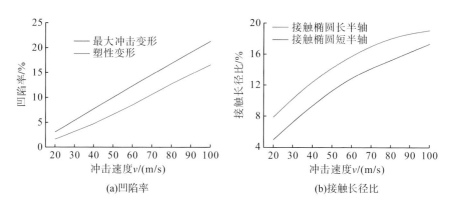

(a)凹陷率                                          (b)接触长径比

图 7-6    不同冲击速度下的凹陷率和接触长径比

#### 2. 管道内压

管道在运营过程中，其内部压力对落石冲击作用将有一定的减缓作用。图 7-7 为落石冲击不同管道内压时凹陷率与接触长径比的变化关系。图 7-7(a)中，管道内压越大，落石冲击过程中的最大坑深和塑性坑深就越小。这说明在相同工况下，落石对高压管道冲击的影响相对较小；管道产生塑性凹坑的深度随内压的变化较大，说明管道受冲击变形对内压较为敏感。图 7-7(b) 中，当管道内压较小时，管道接触长径比随管道内压的增大逐渐减小；当管道内压大于 10MPa 时，椭圆短轴变化较小；当管道内压大于 15MPa 时，椭圆长轴变化较小。这说明在落石冲击高压管道的过程中，接触面积受内压的影响较小。

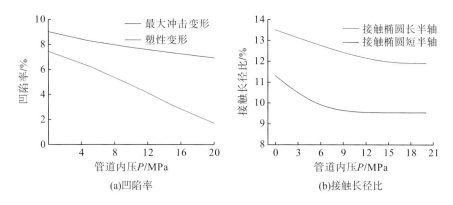

(a)凹陷率　　　　　　　　　　(b)接触长径比

图 7-7　不同管道内压下的凹陷率和接触长径比

## 3. 落石半径

不同落石半径下，管道的凹陷率及接触长径比曲线如图 7-8 所示。

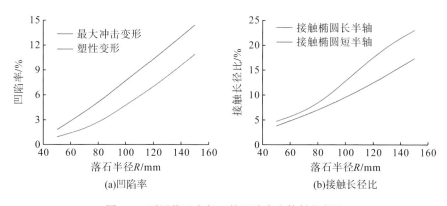

(a)凹陷率　　　　　　　　　　(b)接触长径比

图 7-8　不同落石半径下的凹陷率和接触长径比

图 7-8(a) 中，落石半径越大，质量越大，在相同速度下产生的动量和动能就越大，因而随着落石半径增大，管道产生的凹陷率就越大，对管道的破坏程度也越大。图 7-8(b) 中，随着落石半径的增加，与管道接触椭圆长半轴和短半轴的长度逐渐增大，且呈非线性变化，说明接触面积越大，管道产生凹坑越大，对管道

的安全运营越不利。

## 4. 冲击位置

落石冲击管道不同位置时对其产生的影响不同，图 7-9 为落石从不同位置冲击管道的示意图。为了进行定量描述，定义偏移度 $k=x'/R'$，其中 $x'$ 为落石中心与管道中心沿 $x$ 方向的距离，$R'$ 为管道外半径。

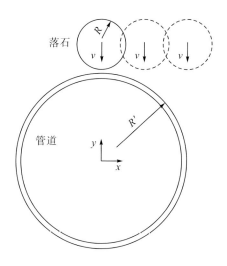

图 7-9 落石冲击管道不同位置示意图

图 7-10 为不同冲击位置下管道产生最大冲击变形时的位移云图。落石冲击处的管道位移最大，大变形区域呈椭圆形分布，而其他位置的变形则相对较小；偏移度越大，管道发生大变形的区域就越小。

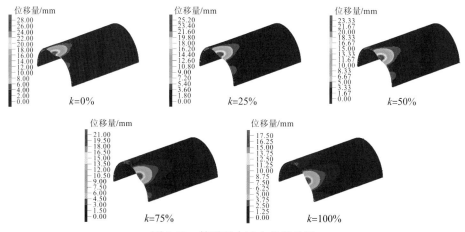

图 7-10 管道最大冲击位移云图

　　图 7-11 为落石冲击管道不同位置时，管道凹陷率随偏移度的变化曲线。随着偏移度的增大，管道产生的凹陷率逐渐降低，即冲击坑深逐渐减小。当偏移度为100%时，管道最终发生塑性变形后的凹陷率仅为 3.05%。当 $k>(R'+R)/R'$ 时，落石将不再与管道发生接触，此时管道处于安全状态。

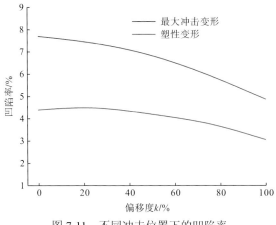

图 7-11　不同冲击位置下的凹陷率

# 7.2　落石冲击埋地管道力学行为

## 7.2.1　计算模型

　　建立球体落石冲击埋地管道的计算模型如图 7-12 所示。管道直径为 813mm，壁厚为 8mm，落石半径为 0.865m，回填土厚度为 1m。管材为 X65，地层与回填土材料相同，黏聚力为 15kPa，摩擦角为 15°，泊松比为 0.3，弹性模量为 20MPa，密度为 1840kg/m³。

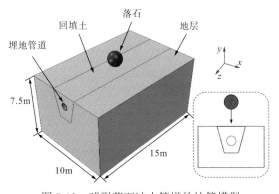

图 7-12　球形落石冲击管道的计算模型

### 7.2.2 管道屈曲过程分析

当落石冲击速度为 25m/s 时，在无压管道表面形成一个凹陷，凹陷的产生过程如图 7-13 所示。在落石冲击作用下管道变形是一个动态过程，管道中部横截面形状由圆形变为椭圆，再变为桃形，最后变为新月形。整个凹陷变化过程可分为三个阶段。

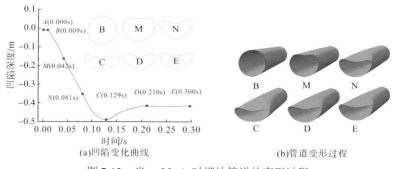

(a)凹陷变化曲线                      (b)管道变形过程

图 7-13　当 $v$=25m/s 时埋地管道的变形过程

第一阶段为 0～0.009s，管道没有发生屈曲。

第二阶段为 0.009～0.129s，0.129s 时管道凹陷深度达到最大值。

第三阶段为 0.129～0.21s，管道弹性变形恢复作用使凹陷深度降低。

各个阶段管道屈曲均只发生在上半部分，而管道下半部分未出现屈曲现象，但管道下半部分截面的曲率半径却有所增大。

图 7-14 为不同冲击时刻管道的应力和应变分布。在 0.009s 以前，管道应力非常小，没有出现塑性应变和屈曲现象；0.042s 时，最大应力出现在管道顶部；随着凹陷深度的增加，凹陷底部的应力逐渐减小，而凹陷外沿的应力则逐渐增大；随着冲击时间的变化，管道高应力区先增大后减小，而管道的等效塑性应变则逐渐增大；最大塑性应变出现在凹陷管道的两个侧边，而管道底部的塑性应变则非常小。

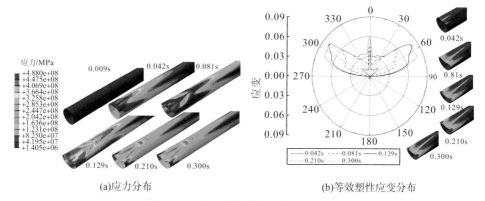

(a)应力分布                      (b)等效塑性应变分布

图 7-14　不同时刻管道应力应变分布

### 7.2.3　参数分析

#### 1. 管道内压

图 7-15 为在不同内压作用下埋地管道的应力应变分布。随着内压增大，管道两端的整体应力逐渐增大，但是管道的最大应力逐渐减小；高应力区出现在落石冲击部位下管道的上半部分，管道塑性变形区域随内压的增大而增大。当内压小于 2MPa 时，凹陷的两外沿边和管道底部出现了较大的塑性应变；当内压大于 2MPa 时，最大等效塑性应变则出现在管道顶部。

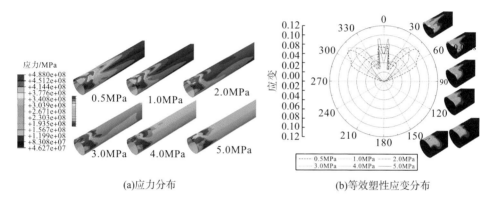

(a)应力分布　　　　　　　　　　(b)等效塑性应变分布

图 7-15　不同内压作用下管道的应力应变分布

#### 2. 管道壁厚

随着管道壁厚的降低，管道的屈曲现象更为严重，凹陷深度、长度及其变化率也逐渐增大。图 7-16 为不同壁厚埋地管道在落石冲击作用下的应力应变分布。高应力区和最大应力均随管道壁厚的增加而降低。当壁厚为 20mm 时，埋地管道

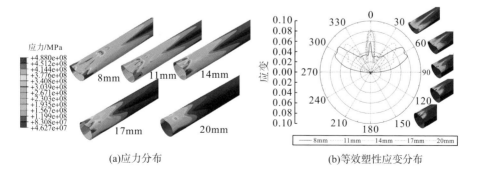

(a)应力分布　　　　　　　　　　(b)等效塑性应变分布

图 7-16　不同壁厚管道的应力应变分布

下半部分的应力非常小，高应力主要出现在落石冲击部位下管道的上半部分。管道塑性应变呈"山"字形分布，凹陷外沿边的塑性应变随壁厚的增大而减小，而凹陷底部的塑性应变则随壁厚的增大而增大。当壁厚小于 11mm 时，最大等效塑性应变出现在凹陷的两外沿边，而当壁厚大于 11mm 时，最大等效塑性应变则出现在凹陷底部。

### 3. 管道直径

当落石冲击速度为 25m/s，管道壁厚为 8mm 时，管道最大凹陷深度随直径的变化曲线如图 7-17 所示。管道凹陷深度随管道直径的增大而增大，但是其变化率却逐渐降低，这是由于管径的变化改变了管道刚度。

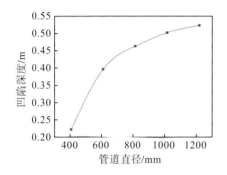 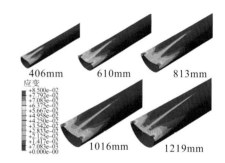

图 7-17 　埋地管道凹陷深度随管径的变化曲线 　　　 图 7-18 　不同外径管道的等效塑性应变分布

图 7-18 为不同外径管道在落石冲击后塑性应变分布。当管道外径大于 610mm 时，管道的最大塑性应变集中在凹陷的两个外沿边，且其随管径的增大呈现出先增大后减小的趋势，但塑性区域却随外径的增大而增大。这是由于大管径管道与回填土的接触面积较大，吸收了更多的冲击能。

### 4. 管道埋深

回填土是管道与落石之间的中介，起着传递冲击能的作用，因而回填土厚度对管道屈曲行为有着重要影响。管道凹陷深度和长度随着埋深的增大而减小，因而危险地质区域的管道在埋深较浅时较易发生失效。

图 7-19 为不同埋深下管道的应力应变分布。当管道埋深大于 1.75m 时，应力呈椭圆形分布，且管道下半部分的应力较小。随着埋深的减小，高应力区沿轴向方向逐渐增加，且管道下半部分的应力逐渐增大，但管道的最大应力并未出现在凹陷底部。当埋深大于 1.75m 时，管道塑性应变为 0；当埋深为 1.5～1.75m 时，最大塑性应变位于凹陷底部；当埋深小于 1.5m 时，最大塑性应变出现在凹陷的外沿边，且塑性区和管道下半部分的最大塑性应变随埋深的减小而逐渐增大。

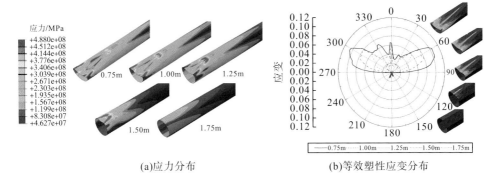

(a)应力分布        (b)等效塑性应变分布

图 7-19 不同埋深管道的应力应变分布

# 第8章 采空塌陷区埋地管道力学行为

## 8.1 塌陷区管道基本特征及力学模型

### 8.1.1 塌陷区管道基本特征

管道穿越黄土、丘陵、煤矿采空区等易沉陷地层时，极易发生弯曲变形、裸露、悬空，甚至断裂。地下矿场采空区、硐室等发生垮塌，或下部地层在渗流作用下发生沉降等会造成上部岩土发生下沉，并在地表形成周围高、中央低的盆地结构，如图 8-1 所示。根据塌陷区的特点，可将埋地管道分为 4 个区域：*BC* 管段对应中间塌陷区，*AB* 管段对应内过渡塌陷区，*OA* 管段对应外过渡塌陷区，*DO* 管段对应非塌陷区。

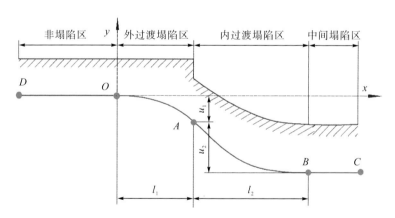

图 8-1 地层塌陷及管道挠曲变形示意图

位于塌陷地层正上方的为中间塌陷区，该段地表下沉相对较为均匀，地面形貌与塌陷之前相比变化较小，地表下沉量最大；内过渡区为中间塌陷区和外过渡区的过渡地带，该段地表塌陷不均匀，靠近中间区的下沉量大于靠近外过渡区一侧，呈现出凹形，并产生压缩变形；外过渡区的变形主要是由岩土内部的黏聚力及管道压缩下层岩土变形而引起的，其下沉量分布不均匀，地面向盆地中心倾斜，呈现为凸形；非塌陷区离塌陷盆地较远，其地表几乎不发生沉降。

在地层塌陷盆地的各个区域内，埋地管道的受力状态是不同的。在中间塌陷区，由于地表的下沉量最大，容易造成 BC 管段出现悬空状态，或是在自重及上覆岩土载荷的作用下发生屈曲，并承受轴向拉应力和岩土摩擦力；在内过渡区，AB 管段主要承受轴向压应力，从而产生压缩变形，并在岩土作用下发生弯曲；在外过渡区，OA 管段主要承受拉应力，并承受地层错位引起的剪应力，从而产生弯曲变形、局部屈曲或拉断，该段为整个塌陷区管道最易失效的部位；在非塌陷区，DO 管段主要承受轴向压应力和岩土静摩擦力，产生轴向应变，但是应变较小，且离 O 点越远，管道受地层塌陷的影响越小。

## 8.1.2　塌陷区管道力学模型

如图 8-1 所示，OA 和 AB 管段的挠曲变形最大，因此需要建立两个区段管道的力学模型。

对 OB 段管道的弯曲变形，许多学者基于 Winkle 地基模型建立了该段管道的弯曲微分方程，或采用三次曲线方程来描述管道几何大变形。这两种模型都能在一定程度上对管道大变形进行定量描述，但求解均较为烦琐。基于此，提出了一种更为简便的计算方法。

通过对管道挠曲变形进行分析，将 OB 管段假设为一条光滑的 S 曲线[29]，假定地层塌陷并未拉断管道且管道未出现悬空状态。由于管道上覆土厚度远小于管道下部土层厚度，因而土体对 OA 和 AB 段的作用力不同，故需要对 OB 段建立分段函数进行求解。管道挠曲变形计算公式：

$$y(x) = \begin{cases} u_1\left(\cos\left(\dfrac{x\pi}{2l_1}\right) - 1\right), & 0 \leqslant x \leqslant l_1 \\ -u_1 - u_2\cos\left(\dfrac{l_1 + l_2 - x}{2l_2}\pi\right), & l_1 \leqslant x \leqslant l_2 \end{cases} \tag{8-1}$$

式中，$l_1$、$l_2$ 分别为 OA 和 AB 管段的轴向长度；$u_1$、$u_2$ 分别为 OA 和 AB 管段的最大挠曲变形量。

假定 O 点的轴向位移为 0，则变形后 OB 管段的长度主要与土体性质及管道径厚比有关。OB 管段在地层沉降作用下的最大变形曲率：

$$R = -\left(\frac{\mathrm{d}^2 y(x)}{\mathrm{d}x^2}\right) \tag{8-2}$$

假定管道横截面仍为圆形截面，则相应的弯曲应变：

$$\varepsilon_b = \frac{\rho D}{2} \tag{8-3}$$

显然，OA 和 AB 管段的弯曲应变分别与 $u_1$、$u_2$（图 8-1）呈线性关系。根据几何关系，*OB* 管段在地层沉降作用下的几何伸长量：

$$\Delta l = \int_0^{l_1+l_2} \sqrt{1+y'(x)^2}\,\mathrm{d}x - l_1 - l_2 \tag{8-4}$$

相应的轴向应变：

$$\varepsilon_\mathrm{m} = \frac{\Delta l}{l_1+l_2} = \frac{1}{l_1+l_2}\int_0^{l_1+l_2}\sqrt{1+y'(x)^2}\,\mathrm{d}x - 1 \tag{8-5}$$

假定沿管道轴向的应变分布均匀，则应用幂级数展开式：

$$\sqrt{1+y'(x)^2} = 1 + y'(x)^2 + \cdots \tag{8-6}$$

只保留前两项，则由式(8-5)和式(8-6)得到 *OB* 管段的轴向应变：

$$\varepsilon_\mathrm{m} = \frac{1}{2(l_1+l_2)}\int_0^{l_1+l_2}y'(x)^2\,\mathrm{d}x = \frac{\pi^2 u_1^2}{16l_1(l_1+l_2)} + \frac{\pi^2 u_2^2}{16l_2(l_1+l_2)} \tag{8-7}$$

# 8.2  管道力学行为

## 8.2.1  计算模型

建立采空塌陷区管道的数值模型，管材为 X65，管道外径为 660mm，壁厚为 8mm，埋深为 2.5m。土体模型长度为 60m，宽度为 10m，塌陷界面位于土体中间（30m 处）。土体密度为 1950kg/m³，黏聚力为 30kPa，摩擦角为 22.5°，弹性模量为 50MPa，泊松比为 0.3。

开采塌陷区地层产生较大位移，采用地层位移下的管道变形理论对有限元模型进行对比。当塌陷量为 6m 时，两种方法计算得到的管道挠度曲线如图 8-2 所示，两种方法得到的管道挠度曲线较为相似，整体趋势较为吻合。

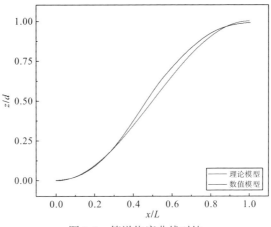

图 8-2  管道挠度曲线对比

采用理论计算得到 X65 管道的轴向应变为 0.0287，而数值模拟得到的管道轴向应变为 0.0304，相比理论计算增大了 5.92%，说明建立的有限元模型较为可靠。

## 8.2.2　管道力学行为

采空塌陷后，埋地管道与地层共同变形，但是由于管道刚度与土体刚度存在差异，所以会产生变形协调。图 8-3 为塌陷后地层与管道的变形状态，多处出现了管土分离。其中，过渡区与塌陷区管道的下方出现分离，而过渡区与非塌陷区管道的上方出现管土分离。这是由于管道刚度远大于土体刚度，在土体塌陷作用下管道抵抗土体变形，从而使得两者发生分离。当塌陷量较大或土体为砂土等松散土质时，埋地管道有可能悬空或被拉断。

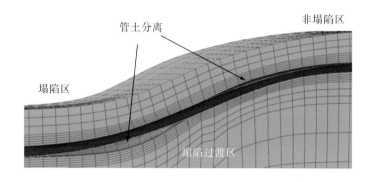

图 8-3　塌陷后地层与管道变形

图 8-4 为不同塌陷量下管道的应力云图。当塌陷量为 1m 时，管道局部应力达到屈服强度；随着塌陷量增大，高应力区沿管道轴向逐渐增大；当塌陷量为 4m 时，多处管道应力达到屈服强度。

图 8-5 为不同塌陷量下管道的位移及危险截面变形。图 8-5(a) 中，管道位移随塌陷量的增大而增大，且变形范围也不断增大。在土体黏聚力作用和管土变形协调下，管道位移小于土体塌陷量。图 8-5(b) 中，管道危险截面发生在塌陷过渡区，随着塌陷量增大，管道截面由圆形逐渐变为椭圆形。

当塌陷量为 8m 时，管道表面正上方和正下方的轴向应变如图 8-6 所示。管道轴向应变出现两个峰值，分别位于塌陷区距离塌陷界面约 8m 处和非塌陷区距离界面约 6m 处，最大轴向应变出现在管道上表面且位于非塌陷区。管道上表面的应变整体大于下表面，说明上表面承受较大的拉力，所以管道截面上半部分变形明显。

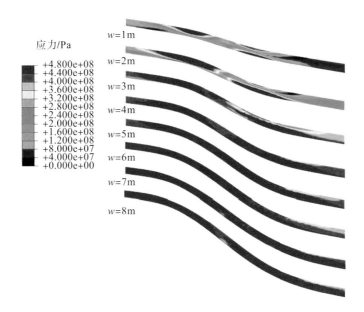

图 8-4　不同塌陷量下管道的应力云图

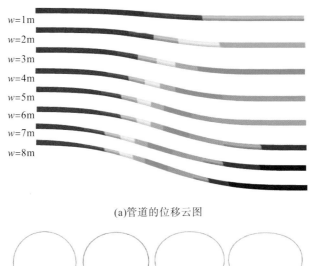

(a)管道的位移云图

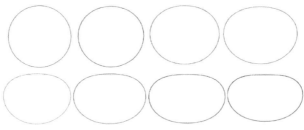

(b)管道的危险截面变形

图 8-5　不同塌陷量下的位移及危险截面变形

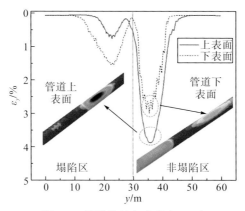

图 8-6　管道的轴向应变($w$=8m)

图 8-7 为不同塌陷量下管道上表面的轴向应变。其随塌陷量的增大而增大，最大轴向应变出现在非塌陷区。距离塌陷界面较远的管道应变变化很小。

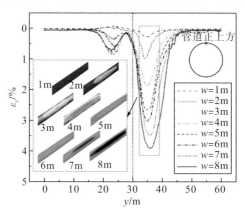

图 8-7　不同塌陷量下管道的轴向应变

为表征管道截面变形，定义 $k$ 为管道椭圆度，$k=(D_{\max}-D_{\min})/D$。图 8-8 为不同塌陷量下管道的最大塑性应变及危险截面椭圆度。管道椭圆度随塌陷量的增大而呈非线性增大的趋势；管道高应变区沿轴向扩展。

### 8.2.3　管道参数影响

#### 1. 径厚比

图 8-9 为当塌陷量为 5m 时，不同径厚比管道的位移曲线。不同径厚比管道变形后，管土分离程度也不同。当 $D/t$=33 时，管土分离程度最大，管道抗变形能

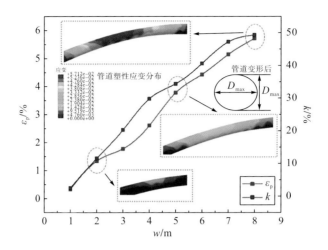

图 8-8    不同塌陷量下管道的塑性应变及椭圆度

力最强；当 $D/t=83$ 时，管土分离程度最小，且管道变形范围也较小。位于塌陷区距离塌陷界面较远处的管道位移基本不随径厚比发生变化；位于非塌陷区距离塌陷界面约 1m 处的管道位移也受径厚比的影响较小。

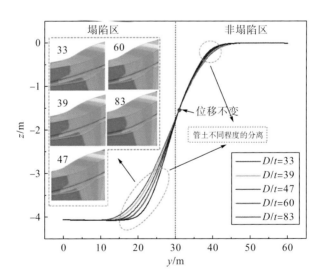

图 8-9    不同径厚比管道的位移曲线

图 8-10 为不同径厚比管道上方的等效塑性应变曲线。当 $D/t=83$ 时，最大塑性应变出现在非塌陷区距离塌陷界面约 5m 处，随着径厚比的增大，最大塑性应变出现的位置逐渐远离塌陷界面。

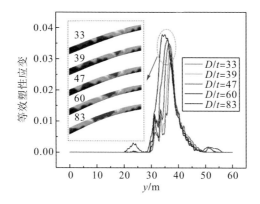

图 8-10　不同径厚比管道的塑性应变曲线

图 8-11 为不同径厚比管道的应变与危险截面椭圆度。随着径厚比的增大，管道危险截面椭圆度近似呈线性增长，而最大塑性应变则呈非线性增长。当 $D/t<40$ 时，管道塑性应变增长较大，之后其增长率较小。

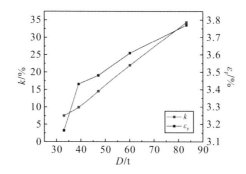

图 8-11　不同径厚比管道的应变与危险截面椭圆度

## 2. 管道埋深

当 $D/t=83$，$w=5$m 时，不同埋深下管道的位移曲线如图 8-12 所示。随着埋深增加，管土分离程度不同，埋深较大的管道变形较为严重。这是因为管道在变形时，除需要克服相邻部分的拉压应力外，还需要对覆土下沉产生抵抗力，而上覆土厚度会影响管道所受的抵抗力。

图 8-13 为不同埋深下管道的等效塑性应变。管道最大塑性应变随埋深增加而增加，且增长率逐渐降低。

图 8-14 为不同埋深下管道的应力与危险截面椭圆度。随着埋深增大，管道危险截面椭圆度呈非线性增长。当埋深大于 2m 时，管道应力已经超过屈服强度。

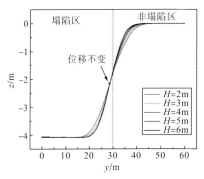

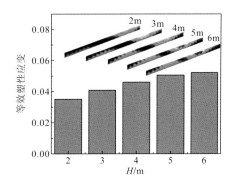

图 8-12  不同埋深下管道的位移曲线          图 8-13  不同埋深下管道的等效塑性应变

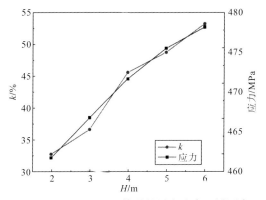

图 8-14  不同埋深下管道的最大应力及椭圆度

## 3. 管道内压

当 $H$=2.5m，$D/t$=83，$w$=5m 时，不同内压下管道的位移曲线如图 8-15 所示。地层塌陷作用下，内压对埋地管道的变形影响较小。

图 8-16 为不同内压下管道的应力分布。管道高应力区随内压的增大而增大，当 $P>$1MPa 时，管道容易出现条纹状高应力区。当内压继续增大时，条纹状高应力区则不再扩展。

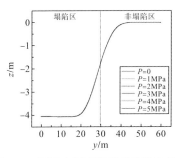

图 8-15  不同内压下管道的位移曲线          图 8-16  不同内压下管道的应力分布

　　图 8-17 为不同内压下的管道危险截面椭圆度。随着内压的增大，管道椭圆度明显减小，变化率逐渐减小，且压力管道椭圆度远小于无压管道。从而表明内压可以增大管道刚度，减小截面的变形情况。

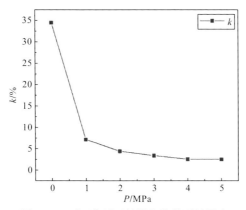

图 8-17　不同内压下管道危险截面椭圆度

### 4. 管土摩擦因数

　　在地层的塌陷过程中，管土之间的摩擦力可以分为两个部分：土体发生屈服之前的静摩擦力和土体屈服后的滑动摩擦力。当管道出现轴向变形时，管道周围的土体会对这种相对运动产生一定阻力。但当阻力超过极限值时，邻近管道周围的土体会部分发生屈服，从而使管土之间产生相对滑动。计算发现，管土摩擦因数对管道变形的影响较小。

　　图 8-18 为不同摩擦因数下管道的塑性应变及危险截面椭圆度。随着摩擦因数增大，管道的最大塑性应变和椭圆度逐渐增大；当摩擦因数小于 0.4 时，管道椭圆度的变化率较大；当摩擦因数大于 0.4 时，椭圆度的变化率较小。

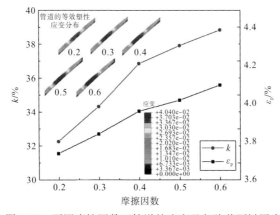

图 8-18　不同摩擦因数下管道的应变及危险截面椭圆度

### 8.2.4 围土参数影响

当土体泊松比为 0.3，塌陷量为 6m 时，不同土体弹性模量的管道位移曲线如图 8-19 所示。管道位移随土体弹性模量的增大而增大，但管土分离情况减小。

图 8-20 为不同土体弹性模量下管道的最大塑性应变及危险截面椭圆度，二者随土体弹性模量的增大而增大，且变化率均呈非线性变化。

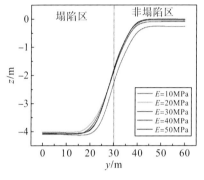

图 8-19 不同土体弹性模量下管道
的位移曲线

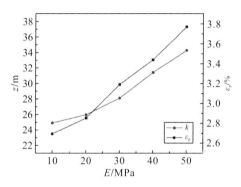

图 8-20 不同土体弹性模量下管道的
塑性应变及椭圆图

黏聚力表明同种物质内部相邻各部分之间的相互吸引力，而这种吸引力是同种物质分子力之间的表现。当塌陷量为 6m 时，在不同土体黏聚力下埋地管道的位移曲线如图 8-21 所示。随着土体黏聚力的增大，管道位移不断增大，且位移不变点靠近塌陷分界面。管道变形范围不断减小，管土分离情况逐渐减小。这说明黏聚力较大的土体不容易发生变形，所以管道需要承受土体变形力较大。

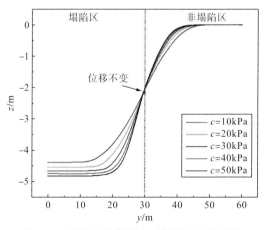

图 8-21 不同土体黏聚力下管道的位移曲线

图 8-22 为不同土体黏聚力下管道的最大塑性应变。最大塑性应变随土体黏聚力的增大而增大，且变化率随塌陷量的增大而增大。

图 8-23 为不同土体黏聚力下管道的危险截面椭圆度。其随土体黏聚力的增大而增大。当塌陷量为 4m 时，管道椭圆度的变化率近似呈线性变化；当塌陷量大于 4m 时，管道椭圆度的变化率增大，且在黏聚力较大时快速增大。说明此时管道截面被压瘪的情况非常严重。

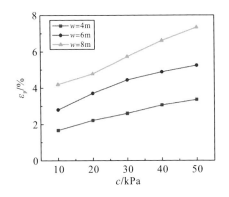 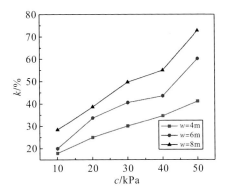

图 8-22　不同土体黏聚力下管道　　　　　图 8-23　不同土体黏聚力下管道
　　　的塑性应变　　　　　　　　　　　　　的危险截面椭圆度

# 第三部分

# 第三方活动

# 第9章 机械挤压作用下管道力学行为

## 9.1 埋地管道凹陷行为特征

### 9.1.1 管道载荷-变形关系

管道围土中含有大量的孤石，由于孤石的硬度远大于软土和砂土，所以在地质作用下，孤石不断挤压管道，造成管道表面防腐层出现大面积损伤，且管道局部变形较为严重。在地层作用下，孤石与管道的相互作用是一个复杂的过程，因此需要建立孤石挤压埋地管道的数值计算模型。由于孤石形状千奇百怪，为了便于研究，将孤石的几何形状假设为球形体。通过对无压管道和压力管道的数值仿真，得到无压和压力管道的载荷-变形曲线分别如图 9-1 和图 9-2 所示。

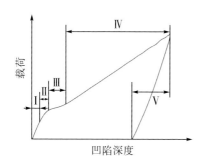

图 9-1　无压管道受挤变形过程

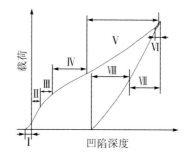

图 9-2　压力管道受挤变形过程

如图 9-1 所示，根据外载荷作用，无压管道的凹陷过程可分为以下几个阶段：

第Ⅰ阶段，外载荷作用在管道上，管道发生弹性变形，当管道出现屈服时，该阶段停止。

第Ⅱ阶段，随着外载荷的增大，管道屈服扩展到全壁厚，但是由于弹性区的限制，该阶段的变形不大。

第Ⅲ阶段，管道塑性变形沿环向扩展，管道的刚度极大地降低，管道载荷-变形曲线出现一个平台区域。

第Ⅳ阶段，随着管道发生环向屈服后，其变形越来越大，管道的薄膜应变开始起支配作用，管道的刚度增加，当大范围出现塑性薄膜应变后，应变硬化开始起作用。

第V阶段，随着外载荷的逐渐卸载，管道凹陷的弹性变形得以恢复，该阶段的卸载曲线与第II阶段的加载曲线斜率大致相同，直到外载为0。

压力管道的凹陷是在外载荷与内压共同作用下形成的，如图9-2所示，压力管道凹陷过程可分为以下几个阶段。

第I阶段，管道在内压作用下发生微小膨胀，但管道应力在弹性范围内，该阶段的变形是完全弹性的。

第II阶段，外载荷作用在穿越管道上，管道发生弹性变形，当管道出现屈服时，该阶段停止。

第III阶段，随着外载荷的增大，管道屈服扩展到全壁厚，但由于弹性区的限制，该阶段的变形不大。

第IV阶段，管道塑性变形沿环向扩展，管道的刚度极大地降低，该阶段的载荷-变形曲线斜率小于上一阶段。

第V阶段，随着管道发生环向屈服后，其变形越来越大，管道的薄膜应变开始起支配作用，管道的刚度增加，当大范围出现塑性薄膜应变后，应变硬化开始起作用。

第VI阶段，由于穿越管道的地基为下方弹性土地基，而压力管道的刚度较大，当外载荷进行卸载时，管道出现振动，该阶段载荷-变形曲线出现了波动。

第VII阶段，随着外载荷的逐渐卸载，管道凹陷的弹性变形得以恢复，该阶段的卸载曲线与第II阶段的加载曲线斜率大致相同。

第VIII阶段，当外部载荷卸载到一定程度后，凹陷部位在管道内压作用下开始向外扩张，管道环向产生反方向的塑性应变，直到外载荷为0。

1980年，Furness和Amdahl基于刚塑性方法研究了管件的局部凹陷行为，推导了载荷与凹陷深度关系表达式，并被用于API RP 2A-WSD[60]。

$$F = 15M_{\mathrm{P}}(D/t)^{0.5}(2\delta/D)^{0.5} \tag{9-1}$$

式中，$F$为凹陷载荷；$M_{\mathrm{P}} = \sigma_y t^2/4$为管道弯曲的塑性极限弯矩；$\delta$为凹陷深度。

Ellinas和Walker[61]运用半经验方法，通过假设两侧屈服区的长度为常量（相当于3.5倍管径），得到凹陷载荷与深度表达式：

$$F = 150M_{\mathrm{P}}(\delta_{\mathrm{r}}/D)^{0.5} \tag{9-2}$$

式中，$\delta_{\mathrm{r}}$为回弹后的凹陷深度。

Ong和Lu[62]通过系列实验测试了楔形压头挤压管件，得到管道压溃载荷与能量的表达式，并推导出刚性基础上端部自由管件的凹陷载荷与深度的关系：

$$F = 0.7\sigma_y t^2 (D/t)^{0.5}(u/t)^{0.57} \tag{9-3}$$

### 9.1.2　内压影响

图 9-3 为承受不同内压管道的载荷-变形曲线。在加载阶段，管道内压越大，外载荷随凹陷深度变化曲线的斜率越大，即高压管道产生凹陷所需要的外载荷越大；当孤石位移到相同极限位置时，管道承受的载荷基本相同，但是管道的最大凹陷深度则随内压的增大而减小；外载荷卸载后，压力越大，管道的最终凹陷深度越小。

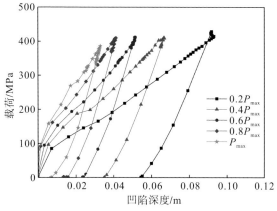

图9-3　不同内压下管道的载荷-变形曲线

图 9-4 为不同内压管道的纵向截面变形曲线。与无压管道相比，压力管道的凹陷在轴向范围的长度较短，且非凹陷部位的管壁变形较小；管道凹陷深度随内压的增大而减小，其变化率逐渐减小；在低压管道凹陷边缘，管壁向下弯曲；而在高压管道凹陷边缘，管壁向上隆起，这是由于管内的高压作用在过渡区，从而使其向外扩张。

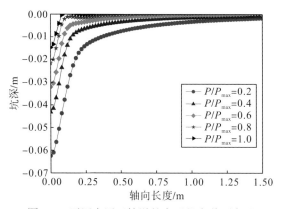

图9-4　不同内压下管道的变形纵向截面变形

# 9.2 外部硬物挤压管道凹陷行为

## 9.2.1 计算模型

以柱状硬物为例，其与管道之间有三种接触类型：纵向接触、横向接触和倾斜接触。由此将导致三种不同形状的凹陷：纵向凹陷、横向凹陷和倾斜凹陷。压头挤压管道示意图如图 9-5 所示，压头形状是三棱柱，长度大于管径，管径为 508mm，管长为直径的 6 倍，初始壁厚为 8mm，管材选用 X65。

图 9-5　柱状压头挤压管道示意图

## 9.2.2 管道凹陷演变过程

初始压头位移为 0.16m 而后卸载，纵向挤压管道的变形过程如图 9-6 所示。加载过程中，管道出现凹陷，凹陷深度随压头位移的增大而增大；卸荷过程中，变形区发生弹性回弹，而移除压头后，管壁发生塑性变形。凹陷形状与压头形状有很强的相关性。

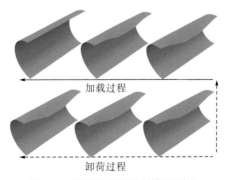

图 9-6　管道纵向凹陷的变形过程

图 9-7 为纵向挤压管道的载荷-变形曲线。该曲线可分为五个阶段：$K_1$ 之前只有弹性变形；在 $K_1$ 与 $K_2$ 之间管壁出现塑性变形；在 $K_2$ 和 $K_3$ 之间有一个平台，在此阶段凹陷深度增加，但压痕力没有变化；$K_3$ 之后，压头力随凹坑深度的增加呈非线性规律增加；在 $K_4$ 之后的卸荷过程，变形管壁发生弹性回弹，永久凹陷形成。

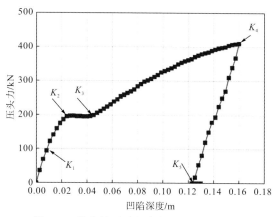

图 9-7　纵向挤压过程中的载荷-变形曲线

横向挤压管道的变形过程如图 9-8 所示，纵断面凹陷呈 "V" 形。图 9-9 为管道横向凹陷的载荷-变形曲线，可见横向凹陷与纵向凹陷的曲线形状不同。该曲线也有一个平台期，但很短且不太明显，整个曲线也可分为五个阶段；卸荷过程中，载荷-变形曲线是一条曲线，而不是一条直线，因此在凹陷附近不仅存在弹性回弹，而且还存在塑性变形。

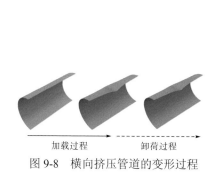

图 9-8　横向挤压管道的变形过程

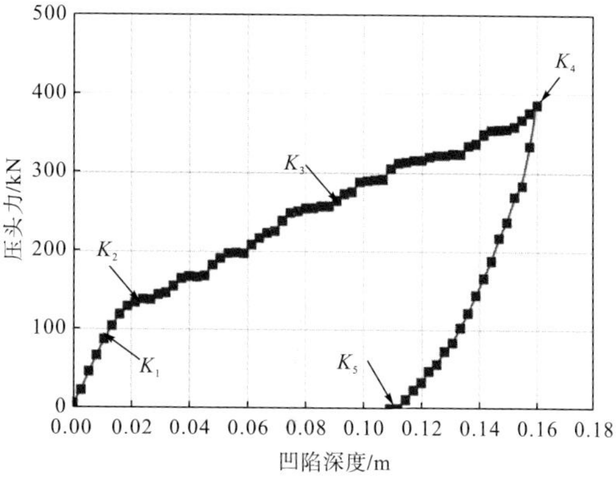

图 9-9　横向挤压管道的载荷-变形曲线

倾斜挤压管道变形过程如图 9-10 所示，管壁上产生一个倾斜凹陷。管道在凹陷附近的横截面是椭圆形的。图 9-11 为倾斜挤压管道的载荷-变形曲线。倾斜凹陷的曲线形状与纵向和横向凹陷的曲线形状不同。该曲线无平台期，整个曲线可分为四个阶段: 弹性变形阶段($0\sim K_1$)、初始塑性变形阶段($K_1\sim K_2$)、塑性变形阶段($K_2\sim K_4$)和回弹阶段($K_4\sim K_5$)。在卸荷过程中,载荷-变形曲线是一条曲线,而不是一条直线。

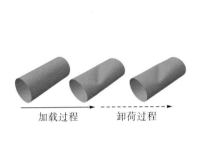

加载过程 ---> 卸荷过程

图 9-10　倾斜挤压管道的变形过程

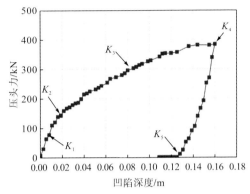

图 9-11　倾斜挤压管道的载荷-变形曲线

### 9.2.3　挤压方式影响

#### 9.2.3.1　纵向挤压

#### 1.　应力和应变分析

纵向挤压过程中不同阶段管道的应力如图 9-12 所示。在弹性阶段,高应力区域仅出现在压头和管壁的接触处,并主要位于管道上部,随着压头位移的增加,该区域沿轴向和周向方向扩展;凹陷的高应力区域内存在两个较低应力区;当凹陷深度达到最大值时,凹陷中出现最大应力区域; 卸载后高应力区域和最大应力均减小,高应力区域出现在凹陷外缘。

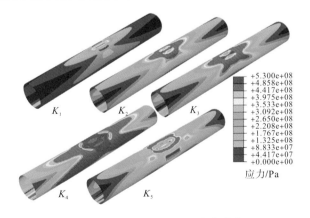

图 9-12　管道纵向凹陷的应力分布

纵向挤压管道过程中的等效塑性应变如图 9-13 所示。塑性变形主要发生在凹陷处，管道下部无塑性变形；最大等效塑性应变发生在与压头端部接触的位置；当凹坑深度小于 0.02m 时，$M$、$N$ 两点的等效塑性应变基本相同，这意味着管道没有明显凹陷；随着凹坑深度的增加，管道的等效塑性应变逐渐增大。对于中间点 $M$，等效塑性应变增加，但变化速率减小；对于 $N$ 点，当凹陷深度小于 0.05m 时，等效塑性应变以恒定的变化速率增加；随着凹陷深度增加，其变化率逐渐减小。卸载过程中，管道的等效塑性应变也随之增大，管道弹性回弹完成后，等效塑性应变不变。

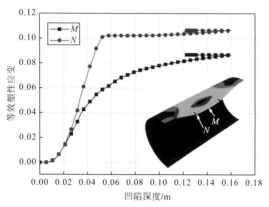

图 9-13　纵向挤压管道的等效塑性应变

最后阶段，管道发生纵向凹陷的轴向应变分布如图 9-14 所示，凹陷部位的轴向应变为压应变，凹坑两侧轴向应变为拉应变。最大轴向压应变不在凹陷中部，而是在与压头末端接触的位置，这是由压头末端的锋利结构导致的。因此，裂纹可能出现在凹陷底部，最大压应变远大于拉应变，凹陷底部是危险区域。非接触区的轴向压应变先减小后增大，最后沿轴向减小。因此，在 0.3～0.5m 范围内，由于圆柱壳结构的阻力产生了一个较大的效应(曲线上的一个小波峰)。

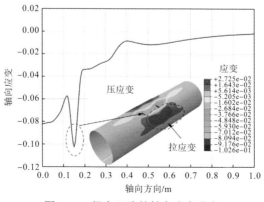

图 9-14　纵向凹陷的轴向应变分布

## 2. 径厚比的影响

不同径厚比管道的载荷-变形曲线如图 9-15 所示。在凹陷深度一定的情况下，压头力随管径厚度比的减小而增大。当径厚比较小时，载荷-变形曲线的平台现象更为严重。卸荷过程中，曲线斜率随径厚比的减小而增大。因此，薄壁管道更容易出现凹陷。

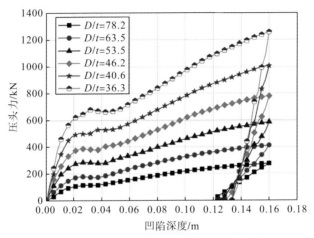

图 9-15 不同径厚比管道的载荷-变形曲线

不同径厚比管道的纵向截面变形如图 9-16 所示。在初始压头位移相同的情况下，最终凹陷深度随径厚比的减小而增大。因此，薄壁管道在外界硬物的挤压下更容易发生破坏。

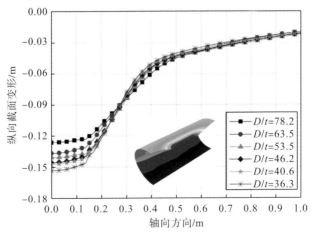

图 9-16 不同径厚比管道纵向截面变形

　　如图9-17所示,管道的最大塑性应变和最大轴向应变随径厚比的增大而减小。定义回弹率为弹性回弹与最大凹坑深度之比。回弹率随管径厚度比的增大而增大。因此,在薄壁管道上更容易出现局部屈曲。

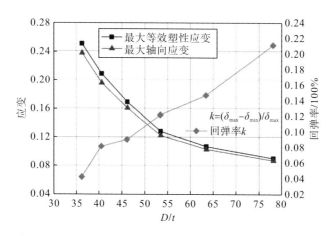

图 9-17　不同径厚比管道的应变和回弹率

### 3. 压头初始位移的影响

　　对于塑性变形和凹陷过程的非线性阶段,初始压头位移对回弹率具有显著影响。如图 9-18 所示,管道回弹率随初始压头位移的增加而减小。这是因为随压头位移的增加,局部屈曲更严重,屈曲变形更能抵抗回弹。压头力与位移之间存在着很强的非线性关系。随着压头位移的增加,压头力增大。

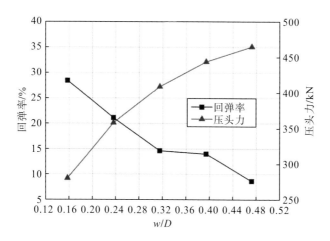

图 9-18　不同压头位移下管道的受力和回弹率

图 9-19 为不同压头位移下管道的纵向变形。随着初始压头位移的增加，管道塑性变形更加严重；凹陷底部与无变形管段之间的过渡区长度随初始压头位移的增加而增大；压痕位移越小，凹陷底部越平。

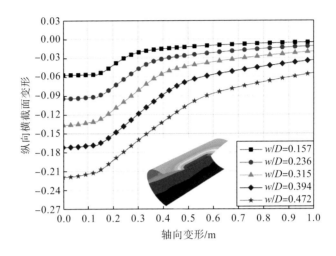

图 9-19　不同压头位移下管道的变形

不同压头位移下管道的最大轴向应变和等效塑性应变如图 9-20 所示，最大轴向应变随压头位移的增加而增大，压头位移对塑性变形区的影响较小；当压头位移与管径之比小于 0.4 时，最大塑性应变主要发生在凹陷底部；当其大于 0.4 时，最大塑性应变出现在凹陷两侧，并不位于凹陷底部。

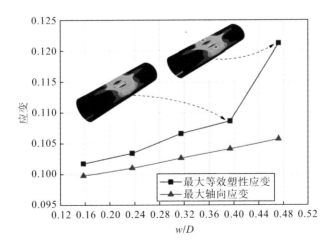

图 9-20　不同压头位移下管道的应变

### 9.2.3.2　横向挤压

图 9-21 为受横向挤压作用的管道变形。横向凹陷的纵截面形状与柱状压头的横截面一致。在对称截面(轴向长度为 0m)下，极限状态(加载的最后阶段)和最终状态(卸载的最终阶段)的截面变形是相同的，反弹率约为 29.65%。

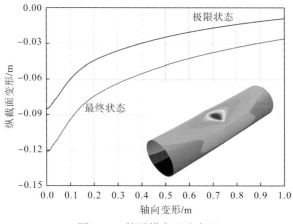

图 9-21　管道横向凹陷变形

管道横向凹陷时的轴向应变分布和应变曲线如图 9-22 所示。凹陷部位的轴向应变较大；在凹陷底部，轴向应变为压应变；最大拉应变大于压应变。因此，凹陷两侧比凹坑位置更容易发生失效，这与纵向挤压下的凹陷行为不同。裂纹可能首先出现在由横向挤压引起的凹陷两侧。根据管道顶部的轴向应变曲线，最大轴向应变在凹陷底部；凹陷处的压应变从中间到外边缘迅速减小；对于非接触区域，轴向应变先增大后减小，然后沿远离凹陷方向减小。

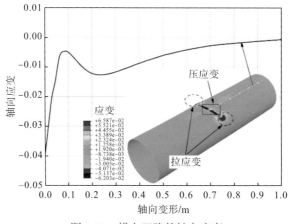

图 9-22　横向凹陷的轴向应变

管道横向受压后的塑性变形和等效塑性应变曲线如图 9-23 所示。最后阶段，管道最大塑性应变发生在凹陷两侧，而非凹陷中间。根据这两个特殊点的塑性应变曲线，塑性变形首先出现在管顶（$N'$点），随凹陷深度增加而增加；在此临界点后，$N'$点等效塑性应变的变化不大；当凹陷深度大于 0.03m 时，$M'$点开始出现塑性变形；当凹陷深度小于 0.11m 时，$M'$点的等效塑性应变以较大速率增加；当凹陷深度小于 0.078m 时，$N'$点的等效塑性应变大于 $M'$点；当凹陷深度大于 0.078m 时，最大等效塑性应变在 $M'$点；卸载过程中，$N'$点的塑性应变变化不大，而 $M'$点的塑性应变变化较大。

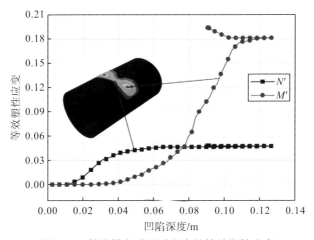

图 9-23　管道横向受压过程中的等效塑性应变

图 9-24 为横向挤压下管道的应力分布。当压头载荷较小时，高应力区主要集中在管道顶部，高应力区沿周向和轴向扩展；加载过程中，应力分布形状由椭圆变为四角星，最终变为六角形；卸载后，非屈曲部位的应力降低，存在明显的应力集中，最大残余应力主要集中在凹陷部位。

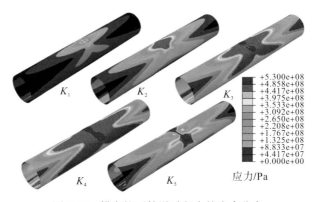

图 9-24　横向挤压管道过程中的应力分布

### 9.2.3.3　倾斜挤压

管道受倾斜挤压过程中的应力分布如图 9-25 所示。管道中心附近，应力呈反对称分布；在弹性阶段，高应力区只出现在压头与管道之间的接触区；随着压头位移增加，高应力区沿轴向和周向增大，最大应力出现在倾斜凹陷底部；卸载后，高应力区减小，但最大残余应力仍出现在凹陷底部，且凹陷两侧的应力集中更为严重。

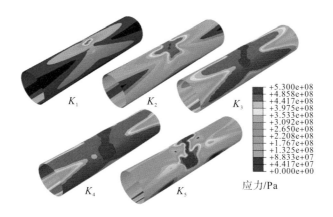

图 9-25　倾斜受压时管道的应力分布

倾斜挤压管道后的塑性变形和等效塑性应变如图 9-26 所示，塑性变形只出现在管道上部。根据两个特殊点的塑性应变曲线，塑性变形首先出现在管道中部，然后出现在倾斜凹陷两侧；卸载过程中，塑性应变不断增大。

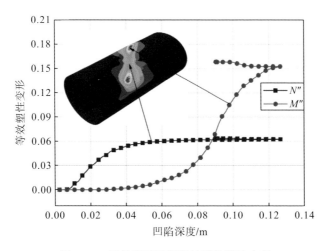

图 9-26　倾斜受压后管道的等效塑性应变

　　倾斜挤压管道的轴向应力分布与应变曲线如图 9-27 所示。最大压应力大于拉应力，因此凹陷位置是最危险的。管道在倾斜挤压时的凹陷行为与纵向和横向凹陷不同。根据管道顶部轴向应变曲线，最大轴向应变出现在凹陷底部。

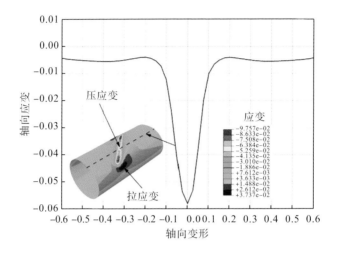

图 9-27　管道倾斜受压时的等效塑性应变

# 第10章 基坑开挖作用下邻近管道力学行为

## 10.1 埋地管道变形分析

### 10.1.1 弹性地基梁的微分方程

管道在基坑开挖作用下的位移可分解为水平和竖向方向，以求解竖向位移为例，将管道假设成弹性地基梁模型，并做以下假设：①管道与其周围土体始终保持紧密接触，不存在分离；②管道材质为连续、均匀且各向同性的线弹性材料；③将管道看成一无限长梁。

Winkler 模型中认为，地基表面上任意一点的压力与该点位移成正比。根据这一假设，可将管道看成由许多独立且互不影响的弹簧组成，但模型存在一定适用范围：①对于高压软土地基、较薄岩层和不均匀土层较为适用；②对于较大的半液态土地基或基底塑性区较为适用；③当地基压缩层下存在硬层且压缩层较薄时较为适用；④适用于一般浅基础地基。

根据 Winkler 模型，管道下表面所受地基反力与管道沉降成正比：

$$p = Ky \tag{10-1}$$

式中，$p$ 为地基反力强度；$K$ 为地基反力系数；$y$ 为管道竖向位移。

同理，管道上表面所受土压力与上覆土沉降成正比：

$$q(x) = Ky_0 \tag{10-2}$$

式中，$q(x)$ 为管道所受压力；$y_0$ 为管道上覆土位移。

在管道竖向平面内取一微小单元，其长度为 $\mathrm{d}x$，则该微元所受力如图 10-1 所示。

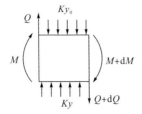

图 10-1 管道微元受力示意图

考虑到微元竖向力平衡，可得

$$Q-(Q+\mathrm{d}Q)+p\mathrm{d}x-q(x)\mathrm{d}x=0 \tag{10-3}$$

将式(10-1)和式(10-2)代入式(10-3)，并引入 $Q=\dfrac{\mathrm{d}M}{\mathrm{d}x}$，得

$$\frac{\mathrm{d}Q}{\mathrm{d}x}=\frac{\mathrm{d}^2M}{\mathrm{d}x^2}=Ky-q(x) \tag{10-4}$$

根据梁受弯微分方程，即 $M=-EI\left(\dfrac{\mathrm{d}^2y}{\mathrm{d}x^2}\right)$，将该方程微分两次，可得

$$EI\left(\frac{\mathrm{d}^4y}{\mathrm{d}x^4}\right)=-\frac{\mathrm{d}^2M}{\mathrm{d}x^2} \tag{10-5}$$

将式(10-5)代入式(10-4)可得

$$EI\left(\frac{\mathrm{d}^4y}{\mathrm{d}x^4}\right)+Ky-q(x)=0 \tag{10-6}$$

此方程即为将管道视为弹性地基梁的挠曲微分方程。

### 10.1.2 微分方程的通解

管道弹性地基梁微分方程是一个四阶常系数线性非齐次微分方程，其中，令式 $q(x)=0$，得到对应的齐次微分方程：

$$EI\left(\frac{\mathrm{d}^4y}{\mathrm{d}x^4}\right)+Ky=0 \tag{10-7}$$

由微分方程理论可知，式(10-7)的通解由四个线性无关的特解组成，因此，令 $y=\mathrm{e}^{\beta x}$ 并代入式(10-7)可得

$$\beta^4=-\frac{K}{EI} \tag{10-8}$$

引入公式 $\cos\pi+\mathrm{i}\sin\pi=-1$，得

$$\beta^4=\frac{K}{EI}\cos\pi+\mathrm{i}\sin\pi=-1 \tag{10-9}$$

引入复数开平方根，得

$$\beta_k=\sqrt[4]{\frac{K}{4EI}}\left(\cos\frac{\pi+2k\pi}{4}+\sin\frac{\pi+2k\pi}{4}\right)\quad(k=0,1,2,3) \tag{10-10}$$

令 $\alpha=\sqrt[4]{\dfrac{K}{4EI}}$，其为反映弹性地基梁中梁与地基性质的一个综合参数，反映了梁与地基的相对刚度,对梁受力变形有着重要影响,通常称为特征系数。式(10-10)中，分别令 $k=0,1,2,3$ 时可得四个线性无关特解，并引入积分常数，可得式(10-7)齐次方程的通解：

$$y = \mathrm{e}^{\alpha x}(A_1\cos\alpha x + A_2\sin\alpha x) + \mathrm{e}^{-\alpha x}(A_3\cos\alpha x + A_4\sin\alpha x) \tag{10-11}$$

用双曲线函数关系表示：$\mathrm{e}^{\alpha x} = \mathrm{ch}\alpha x + \mathrm{sh}\alpha x$，$\mathrm{e}^{-\alpha x} = \mathrm{ch}\alpha x - \mathrm{sh}\alpha x$，并令

$$A_1 = \frac{1}{2}(B_1 + B_2),\ \ A_2 = \frac{1}{2}(B_2 + B_3)$$
$$A_3 = \frac{1}{2}(B_1 - B_2),\ \ A_4 = \frac{1}{2}(B_2 - B_3) \tag{10-12}$$

可得

$$y = B_1\mathrm{ch}\alpha x\cos\alpha x + B_2\mathrm{ch}\alpha x\sin\alpha x + B_3\mathrm{sh}\alpha x\cos\alpha x + B_4\mathrm{sh}\alpha x\sin\alpha x \tag{10-13}$$

式中，$B_1$，$B_2$，$B_3$，$B_4$ 为待定积分常数。

假定弹性地基梁的挠度 $y$ 已知，则地基梁上任意截面转角 $\theta$、弯矩 $M$ 和剪力 $Q$ 可按照材料力学的有关公式求得

$$\begin{cases} \theta = \dfrac{\mathrm{d}y}{\mathrm{d}x} \\[2mm] M = -EI\dfrac{\mathrm{d}\theta}{\mathrm{d}x} = -EI\dfrac{\mathrm{d}^2 y}{\mathrm{d}x^2} \\[2mm] Q = \dfrac{\mathrm{d}M}{\mathrm{d}x} = -EI\dfrac{\mathrm{d}^3 y}{\mathrm{d}x^3} \end{cases} \tag{10-14}$$

由于较少考虑管道所受剪力的影响，可以令 $Q=0$，将式(10-13)代入式(10-14)可得 $\theta$、$M$ 的表达式：

$$\begin{cases} y = B_1\mathrm{ch}\alpha x\cos\alpha x + B_2\mathrm{ch}\alpha x\sin\alpha x + B_3\mathrm{sh}\alpha x\cos\alpha x + B_4\mathrm{sh}\alpha x\sin\alpha x \\[2mm] \theta = 2\big[-B_1(\mathrm{ch}\alpha x\sin\alpha x - \mathrm{sh}\alpha x\cos\alpha x) + B_2(\mathrm{ch}\alpha x\cos\alpha x + \mathrm{sh}\alpha x\sin\alpha x) \\[1mm] \qquad + B_3(-\mathrm{sh}\alpha x\sin\alpha x + \mathrm{ch}\alpha x\cos\alpha x + B_4(\mathrm{sh}\alpha x\cos\alpha x + \mathrm{ch}\alpha x\sin\alpha x)\big] \\[2mm] M = 2EI\alpha^2(B_1\mathrm{sh}\alpha x\sin\alpha x - B_2\mathrm{ch}\alpha x\cos\alpha x + B_3\mathrm{ch}\alpha x\sin\alpha x - B_4\mathrm{ch}\alpha x\cos\alpha x \end{cases} \tag{10-15}$$

对于待定积分常数，其求解方法可采用短梁初参数法，即假设短梁初参数：

$$\begin{cases} y\big|_{x=0} = y_0 \\[1mm] \theta\big|_{x=0} = \theta_0 \\[1mm] M\big|_{x=0} = M_0 \end{cases} \tag{10-16}$$

将式(10-16)代入式(10-15)，即可求出待定积分常数：

$$\begin{cases} B_1 = y_0 \\[2mm] B_2 = B_3 = \dfrac{\theta}{2\alpha} \\[2mm] B_4 = -\dfrac{M_0}{2\alpha^3 EI} \end{cases} \tag{10-17}$$

将式(10-17)代入式(10-15)，可得

$$
\begin{cases}
y = y_0\phi_1 + \dfrac{\theta_0}{\alpha}\phi_2 - \dfrac{M_0}{EI\alpha^2}\phi_3 \\[2mm]
\theta = -4y_0\alpha\phi_4 + \theta_0\phi_1 - \dfrac{M_0}{EI\alpha}\phi_3 \\[2mm]
M = y_0 EI\alpha\phi_3 + 2\theta_0 EI\alpha\phi_4 + M_0\phi_1
\end{cases}
\tag{10-18}
$$

其中，

$$
\begin{cases}
\phi_1 = \mathrm{ch}\,\alpha x\cos\alpha x \\[2mm]
\phi_2 = \dfrac{1}{2}(\mathrm{ch}\,\alpha x\sin\alpha x + \mathrm{sh}\,\alpha x\cos\alpha x) \\[2mm]
\phi_3 = \dfrac{1}{2}\mathrm{sh}\,\alpha x\sin\alpha x \\[2mm]
\phi_4 = \dfrac{1}{4}(\mathrm{ch}\,\alpha x\sin\alpha x - \mathrm{sh}\,\alpha x\cos\alpha x)
\end{cases}
\tag{10-19}
$$

式(10-19)称为克雷洛夫函数，并存在如下微分关系：

$$
\begin{cases}
\dfrac{\mathrm{d}\phi_1}{\mathrm{d}\alpha} = -4\alpha\phi_4 \\[2mm]
\dfrac{\mathrm{d}\phi_2}{\mathrm{d}\alpha} = \alpha\phi_1 \\[2mm]
\dfrac{\mathrm{d}\phi_3}{\mathrm{d}\alpha} = \alpha\phi_2 \\[2mm]
\dfrac{\mathrm{d}\phi_4}{\mathrm{d}\alpha} = \alpha\phi_3
\end{cases}
\tag{10-20}
$$

式(10-18)即是用初参数表示微分方程的通解。在实际情况中，由已知 $y_0$、$\theta_0$、$M_0$ 即可求出弹性地基梁曲线，即管道变形曲线。

### 10.1.3　均布载荷下的特解

当地基梁上作用均布载荷时，可得均布载荷分解成多个集中力，按求解集中力的方法求解式(10-6)的特解。因此，在截面 $x$ 左边，离端点距离 $z$ 处，取微段 $\mathrm{d}z$。则该微段上的载荷为 $\mathrm{d}p=q\mathrm{d}z$，微段载荷 $p$ 在它右边截面 $x$ 引起的挠度值为

$$
f = \frac{q\phi_4\left[\alpha(x-z)\right]}{EI\alpha^3}\mathrm{d}z
\tag{10-21}
$$

由于 $x$ 以左的均布载荷都在 $x$ 处引起挠度修正，故总挠度修正值应为 $x_a$ 到 $x$ 范围内的积分，即

$$
f = \int_{x_\alpha}^{x} \frac{q\phi_4\left[\alpha(x-z)\right]}{EI\alpha^3}\mathrm{d}z
\tag{10-22}
$$

　　图 10-2 为均布载荷作用于弹性地基梁示意图。对于无载荷段 *oa* 段，地基梁上显然没有挠度修正值。而当 *x* 位于 *ab* 段时，地基梁上作用均布载荷，其积分限应为 $(xa, x)$，对于满跨均布载荷，则积分限应为 $(0, x)$，此时由式 (10-22) 可以求出满跨均布载荷下式 (10-6) 的特解：

$$\begin{cases} y_q = \dfrac{q}{K}(1-\phi_1) \\[2mm] \theta_q = \dfrac{2\alpha}{K}\phi_4 \\[2mm] M_q = -\dfrac{q}{2\alpha^2}\phi_3 \end{cases} \qquad (10\text{-}23)$$

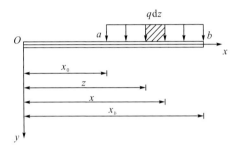

图 10-2　均布载荷作用示意图

### 10.1.4　三角形载荷下的特解

　　图 10-3 为三角形载荷作用于地基梁的示意图。则对于三角形载荷 *ab* 段，微段 d*z* 的载荷为，则挠度修正为

$$y = \int_{x_\alpha}^{x} \frac{q_z \phi_4 [\alpha(x-z)]}{EI\alpha^3}\,\mathrm{d}z \qquad (10\text{-}24)$$

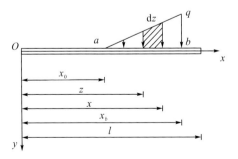

图 10-3　三角形载荷作用示意图

同样地，对于满跨三角形载荷，其积分限为$(0，x)$，可以得式(10-6)的特解为

$$\begin{cases} y_q = \dfrac{q}{KI}(x - \dfrac{\phi_1}{2\alpha}) \\[3mm] \theta_q = \dfrac{q}{KI}(1 - \phi_4) \\[3mm] M_q = \dfrac{q}{2\alpha^2 l}\phi_3 \end{cases} \qquad (10\text{-}25)$$

## 10.2　无支护基坑开挖对邻近管道力学影响

### 10.2.1　计算模型

图 10-4 为在基坑开挖作用下埋地管道的示意图，埋地管道所受土压力主要分为两部分：随埋深增加的管道顶部土压力；由基坑开挖引起的土体位移而施加到管道上的附加载荷，该载荷随管道埋深呈一定规律变化。

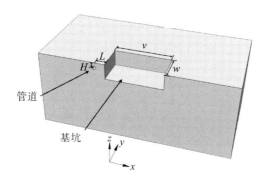

图 10-4　基坑开挖示意图

假设基坑形状为矩形，尺寸为 30m×30m，开挖深度为 8m。管道材料为 X65，土体密度为 1980kg/m³，弹性模量为 25MPa，泊松比为 0.3，黏聚力为 22MPa，摩擦角为15°。根据工程经验，基坑开挖影响宽度约为基坑深度的 3～4 倍，影响深度约为开挖深度的 2～4 倍。管道与基坑一侧平行，管道与基坑距离为 5m，管道埋深为 2m。

### 10.2.2　管道力学行为

图 10-5 为管道应力和轴向应变云图。管道轴向应变最大区对应于最大应力区

域并位于管道中部，其次在基坑边缘处管道产生较大应力。管道中部和基坑边缘处的轴向应变呈对称分布，管道中部的轴向应变在上表面呈负应变，而在基坑边缘处呈正应变，说明管道中部上表面受压而基坑边缘处受拉。

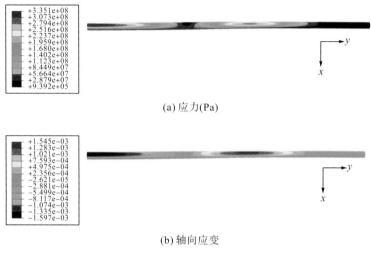

(a) 应力(Pa)

(b) 轴向应变

图 10-5　管道应力应变分布

图 10-6 为管道的水平和竖向位移。管道水平位移沿 $x$ 轴正方向向基坑内部移动，管道竖向位移沿 $z$ 轴负方向向基坑底部移动；最大水平位移出现在管道右表面，最大竖向位移出现在管道上表面；管道横截面由圆形逐渐变为椭圆形。

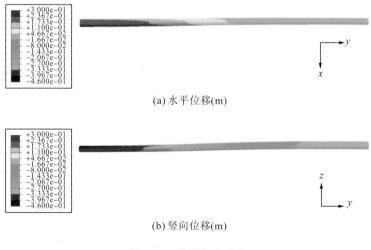

(a) 水平位移(m)

(b) 竖向位移(m)

图 10-6　管道位移分布

### 10.2.3　土体参数的影响

#### 1. 土体类型

采用不同参数的岩土进行模拟，根据已有文献选取岩土参数如表 10-1 所示。

表 10-1　不同土体的参数

| 土体 | $\rho$ /(kg/m$^3$) | $E$/MPa | $\mu$ | $c$/kPa | $\phi$/(°) |
|---|---|---|---|---|---|
| S1 | 1980 | 25 | 0.30 | 22 | 15 |
| S2 | 1980 | 35 | 0.29 | 22.8 | 16.2 |
| S3 | 1950 | 35 | 0.25 | 25 | 22.5 |
| S4 | 1960 | 23 | 0.35 | 25 | 14.4 |

图 10-7 为四种不同土体基坑开挖后管道的应力应变分布。管道受力最大区域在对称面和基坑边缘区域，基坑开挖对于远处管道基本没有影响；管道横截面的最大轴向应变出现在上表面和下表面，对称面管道横截面由圆形逐渐变为椭圆形，上表面为负应变而下表面为正应变。

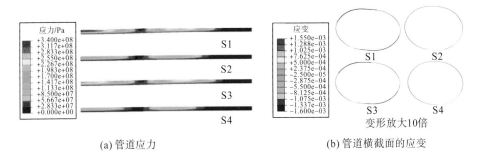

(a) 管道应力　　　　　　　　　　　　　　(b) 管道横截面的应变

图 10-7　不同土体开挖后管道应力应变分布

基坑半宽为 15m，管道最大轴向应变曲线如图 10-8 所示。沿轴向方向上表面轴向应变由负应变逐渐变为正应变，再由正应变变为零，表明管道上表面在对称面受压，在基坑边缘部分管道上表面受拉。管道下表面轴向应变则正好相反，轴向应变由正应变逐渐变为负应变后再逐渐变为零，表明管道下表面在对称面处受拉而在基坑边缘处受压。在距离基坑约 10m 处，管道轴向应变基本不受影响。

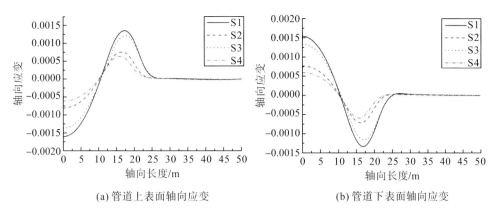

(a) 管道上表面轴向应变　　　　　　　　(b) 管道下表面轴向应变

图 10-8　管道的轴向应变曲线

图 10-9 为管道位移曲线。管道的竖向位移大于水平位移，说明基坑开挖后对管道的影响主要在于使其发生沉降。管道在约 $x=22.5\text{m}$ 处开始发生位移，从基坑边缘区域开始并在对称面处达到最大。

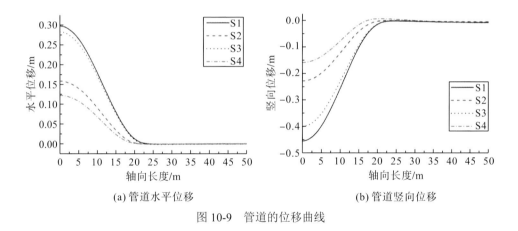

(a) 管道水平位移　　　　　　　　　　(b) 管道竖向位移

图 10-9　管道的位移曲线

## 2. 土体弹性模量

采用土体 S1 为基准组进行后续分析。不同弹性模量土体中管道对称面的轴向应变如图 10-10 所示。管道截面的大轴向应变区随土体弹性模量的增大而减小。

图 10-11 和图 10-12 为不同土体弹性模量时基坑开挖后的轴向应变和位移曲线。随着土体弹性模量的增加，管道的最大轴向应变逐渐变小，但整体变化率较小；随着土体弹性模量的增加，管道整体位移减小，这是由弹性模量较大的土体变形较小，对管道产生的附加力也较小所致。

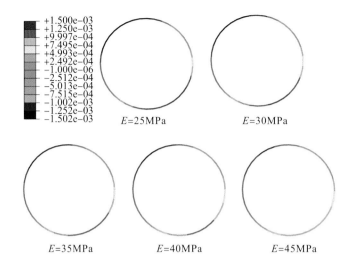

图 10-10 不同弹性模量土体开挖后管道的轴向应变

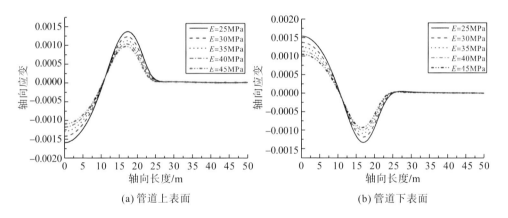

(a) 管道上表面　　　　　　　　　(b) 管道下表面

图 10-11 不同弹性模量土体开挖后管道的轴向应变曲线

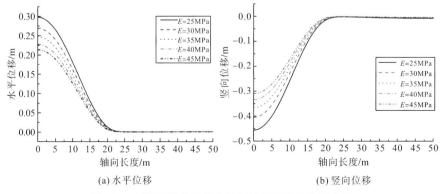

(a) 水平位移　　　　　　　　　(b) 竖向位移

图 10-12 不同弹性模量土体开挖后管道的位移曲线

## 3. 黏聚力

图 10-13 和图 10-14 为不同黏聚力土体在基坑开挖后管道的轴向应变和位移曲线。管道最大轴向应变随土体黏聚力的增大而减小，整体变化较为均匀。管道位移随土体黏聚力的增大而减小。

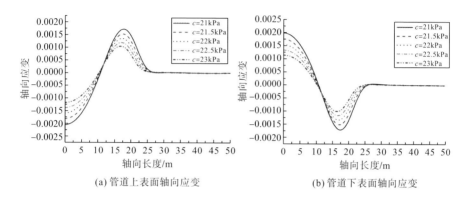

(a) 管道上表面轴向应变　　　　　　　　(b) 管道下表面轴向应变

图 10-13　不同黏聚力土体开挖后管道轴向应变曲线

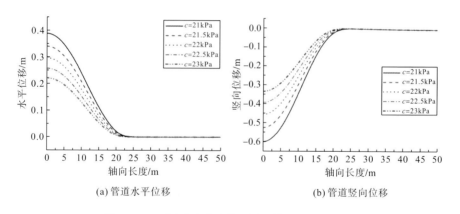

(a) 管道水平位移　　　　　　　　　　(b) 管道竖向位移

图 10-14　不同黏聚力土体开挖后管道的位移曲线

### 10.2.4　管道参数的影响

## 1. 管道径厚比

图 10-15 和图 10-16 为不同径厚比管道表面轴向应变和位移曲线。随着管道径厚比减小，管道的最大轴向应变逐渐变小，管道水平位移即向基坑内位移逐渐减小。管道竖向位移也随径厚比的减小而逐渐减小，即管道沉降量逐渐减小。

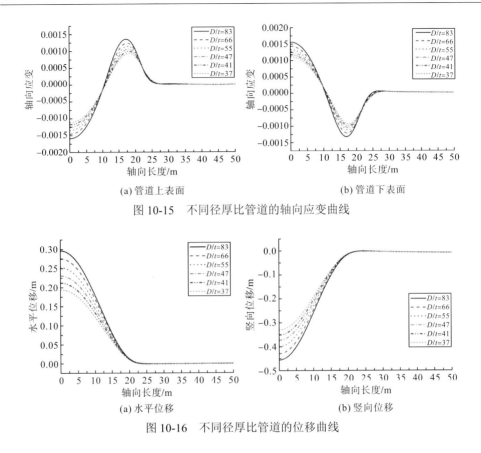

(a) 管道上表面                                      (b) 管道下表面

图 10-15　不同径厚比管道的轴向应变曲线

(a) 水平位移                                        (b) 竖向位移

图 10-16　不同径厚比管道的位移曲线

## 2. 管道埋深

图 10-17 为不同埋深下管道的轴向应变曲线。当埋深为 2m 时，管道的轴向应变最大且变形最为严重；当管道埋深超过 2m 后，管道的最大轴向应变随埋深增加而减小；当埋深超过基坑深度一半时，管道的轴向应变曲线只在基坑边缘处最大。

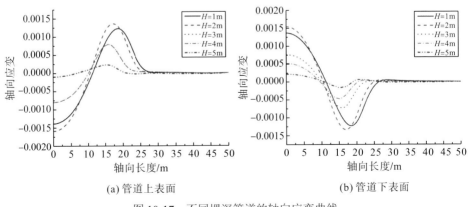

(a) 管道上表面                                      (b) 管道下表面

图 10-17　不同埋深管道的轴向应变曲线

图 10-18 为不同埋深管道的位移曲线。管道在埋深为 2m 时产生最大的水平和竖向位移；当埋深超过 2m 时，管道的水平和竖向位移逐渐减小，且变化率随埋深的增加而减小。管道变形随埋深的增加呈先增大后减小的趋势，最大变形出现在沿基坑深度的上半部区域。

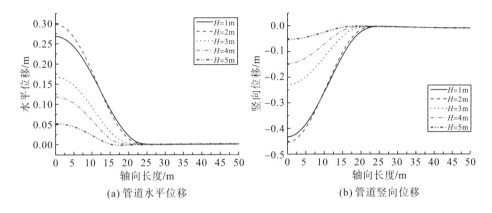

(a) 管道水平位移　　　　　　　　(b) 管道竖向位移

图 10-18　不同埋深管道的位移曲线

### 3. 管道与基坑距离

如图 10-19 所示，管道的最大轴向应变随管道与基坑距离的增大而逐渐减小，且变化率也逐渐减小；当距离为 9m 时，管道整体的轴向应变接近于 0，说明当管道与基坑距离大于基坑深度时，由基坑开挖而导致的应力释放对于管道的影响非常小。

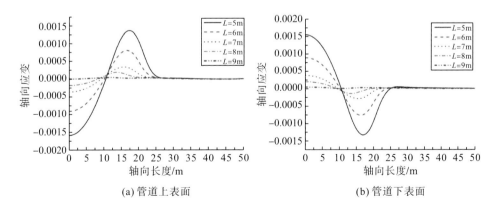

(a) 管道上表面　　　　　　　　(b) 管道下表面

图 10-19　不同管道与基坑距离下管道的轴向应变曲线

如图 10-20 所示，随着距离的增加，管道位移及变化率均不断减小；当距离大于基坑深度时，管道整体位移小于 10mm。可见，管道的变形程度随距离的增加而减小，因此基坑施工时应考虑与邻近管道的距离，以免对管道造成影响和破坏。

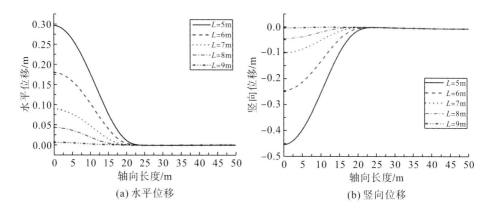

图 10-20　不同管道与基坑距离下管道的位移曲线

## 10.2.5　基坑参数的影响

### 1. 基坑宽度

图 10-21 为不同宽度下基坑开挖后管道上下表面的轴向应变曲线。基坑宽度不仅影响管道的轴向变形程度，同时也影响变形范围。随着基坑宽度的增大，管道的最大轴向应变也逐渐增大，同时管道的轴向应变范围也逐渐增大。

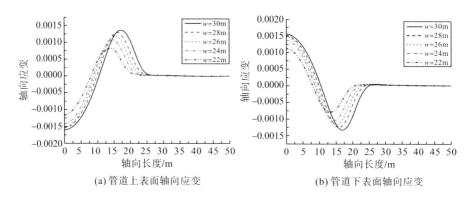

图 10-21　不同基坑宽度下管道的轴向应变曲线

如图 10-22 所示，基坑宽度增大，管道整体位移增大，且管道位移范围也增大。

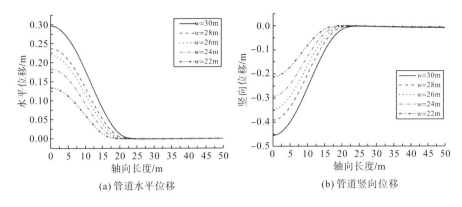

(a) 管道水平位移　　　　　　　　　(b) 管道竖向位移

图 10-22　不同基坑宽度下管道的位移曲线

## 2. 基坑长度

图 10-4 中，定义 $v$ 为基坑与管道垂直的边的长度。图 10-23 为不同基坑长度下基坑开挖后管道对称面的轴向应变。管道中间截面的轴向应变基本没有变化，管道整体变形不受影响。

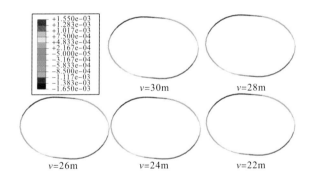

图 10-23　不同基坑长度下管道轴向应变分布

# 10.3　基坑支护对管道力学行为影响

## 10.3.1　计算模型

图 10-24 为有围护结构的基坑开挖后的埋地管道示意图。基坑开挖的过程中，由于基坑内部土体的移除伴随着地应力的释放，地下连续墙外的土压力均作用于地下连续墙上，从而使墙体受力变形。对于埋地管道，由于地下连续墙能承受很大一部分土压力，所以可极大地减小管道所受载荷。管土相互作用则变成了管-

土-墙三者相互作用。

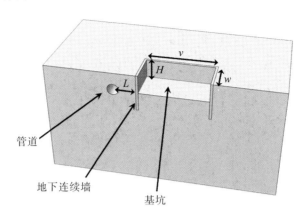

图 10-24 有支护时的基坑开挖示意图

基坑形状为矩形，基坑尺寸为 30m×30m，开挖深度为 8m，管材为 X65，地下连续墙材料采用常用的混凝土 C25，密度为 2500kg/m³，弹性模量为 25GPa，泊松比为 0.2，管土之间的摩擦系数为 0.3。

## 10.3.2 支护前后对比

分别对有地下连续墙和无地下连续墙两种情况进行计算，得到管道位移曲线如图 10-25 所示。地下连续墙的存在可极大地减小管道所受土压力。当采用如 S1 较硬土质时，在地下连续墙作用下管道的位移都较小，整体位移不超过 5mm。因此，在软黏土地区施工时，应考虑增加围护结构以免对周围环境造成影响。

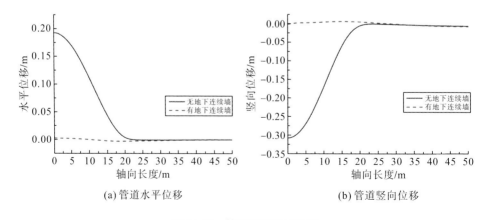

(a) 管道水平位移　　　　　(b) 管道竖向位移

图 10-25 管道位移对比曲线

### 10.3.3　支护结构厚度影响

地下连续墙是沿基坑周边轴线筑成的一道连续的钢筋混凝土墙壁,用以截水、防渗、承重,因此地下连续墙参数将影响基坑开挖后的周边结构。图 10-26 为当管道与地下连续墙距离为 4m 时,不同连续墙厚度下基坑开挖后管道的应力分布。连续墙厚度对管道的影响较为明显,地下连续墙越厚,则管道受力越小。当厚度为 1.2m 时,管道的最大应力约为 115MPa,相对于厚度为 0.6m 时工况降低了 23.3%。

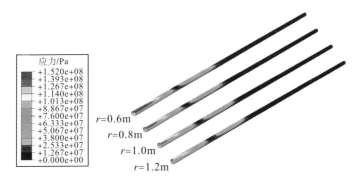

图 10-26　不同厚度地下连续墙管道的应力

图 10-27 为不同厚度地下连续墙基坑开挖后管道上表面的轴向应变曲线。基坑深度对管道轴向应变的影响较为明显。随着地下连续墙厚度的增大,管道最大轴向应变逐渐减小,且变化率也逐渐减小。

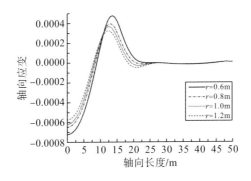

图 10-27　不同厚度地下连续墙管道的轴向应变曲线

图 10-28 为不同厚度地下连续墙基坑开挖后管道的位移曲线。地下连续墙厚度增大,管道的整体位移和变形程度越小。

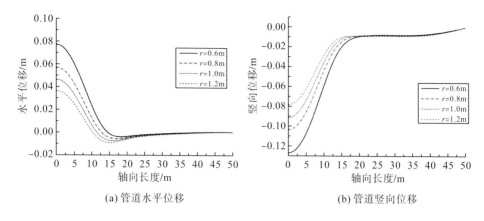

(a) 管道水平位移             (b) 管道竖向位移

图 10-28　不同厚度地下连续墙管道的位移曲线

# 10.4　基坑开挖对邻近并行管道影响

## 10.4.1　计算模型

图 10-29 为并行管道与基坑示意图，管道直径为 660mm、壁厚为 8mm。岩土材料为 S1。

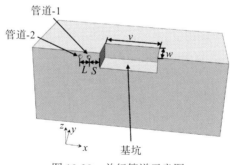

图 10-29　并行管道示意图

## 10.4.2　并行管道力学

当管道径厚比为 83 时，不同并行间距管道的应力分布如图 10-30 所示。管道表面有两个高应力区，分别位于管道的中部和基坑边缘处。随着并行间距增大，管道-1 受力增大，而管道-2 受力减小，表明不同并行间距对管道有重要影响。这是因为当并行间距较小时，管道-2 可阻挡一部分管道-1 外的土体扰动，使管道-1 所承受的土压力变小。

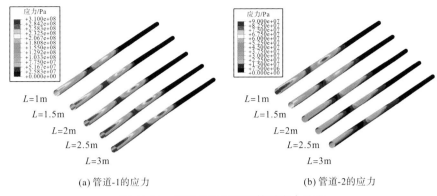

(a) 管道-1的应力　　　　　　　　　　(b) 管道-2的应力

图 10-30　不同并行间距下管道应力分布

图 10-31 为不同间距下管道上表面的轴向应变曲线。管道-1 和管道-2 轴向应变曲线的变化规律基本一致，管道上表面轴向应变均从负应变逐渐变为正应变再减为零，表明管道中部受压而在基坑边缘处受拉，管道下表面与上表面相反。同时，管道-1 的轴向应变随并行间距的增大而增大，管道-2 的轴向应变随并行间距的增大而减小。

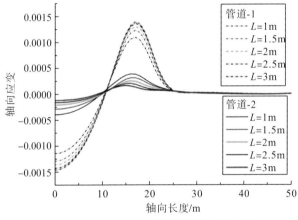

图 10-31　不同间距下管道的轴向应变曲线

## 10.5　支护与开挖方式对邻近管道影响

### 10.5.1　不同支护方式

#### 1. 管道侧向加固

基坑开挖会导致邻近地下管道发生变形，甚至发生破裂，因此在实际施工中应对埋地管道进行必要的保护。图 10-32 为管道侧向加固示意图，其中加固区宽度为 0.4m，长度为 30m，材料为 C25 混凝土。加固区位于管道与基坑中间位置，距离管道 2m，距离地下连续墙 1.6m，其余管道及基坑参数与前面所述相同。

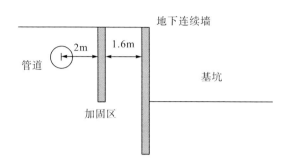

图 10-32　管道侧向加固示意图

不同加固深度下的管道应力分布如图 10-33 所示。加固区能有效地保护管道，阻挡因基坑开挖而引起的土体扰动，从而减小管道所受的土压力。管道受力随加固深度的不断增大而减小；当加固深度为 4m 时，管道最大应力为 110MPa，比无加固的情况减小了 40MPa，其中管道中部变化较明显，而管道在基坑边缘位置的变化不明显。

图 10-34 为加固后管道上表面的轴向应变曲线。加固后管道的轴向应变随加固深度的增大而减小；加固后管道中部轴向应变的变化较为明显。

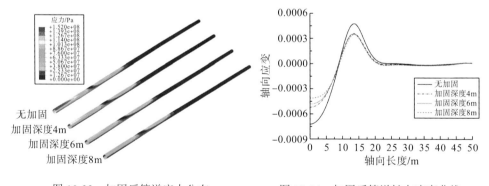

图 10-33　加固后管道应力分布　　　　　　图 10-34　加固后管道轴向应变曲线

图 10-35 为加固后管道的位移曲线。当加固深度从 4m 变化到 8m 时，管道最大水平位移与未加固时相比分别减小了 24.7%、28.6%、31.2%，可见加固区效果明显；管道最大竖向位移分别减小了 33%、38.6%、44.9%，可见加固对管道竖向位移的影响更大。

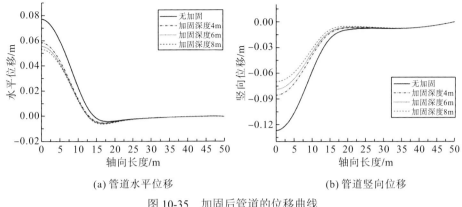

(a) 管道水平位移　　　　　　　　　　(b) 管道竖向位移

图 10-35　加固后管道的位移曲线

## 2. 基坑内部支撑

在软土地基的深基坑施工过程中，通过在基坑内部添加支撑，不但可以减小地下连续墙的水平位移，方便地下结构施工，还能有效控制周边环境的不利影响。图 10-36 为基坑内部支撑示意图。其中支撑为混凝土矩形梁，截面尺寸为 0.7m×0.7m，材料为 C25 混凝土。支撑位于距基坑边 1/4 处，其中第一道支撑位于距地表 2m 处，第二道支撑位于距地表 4m 处，其余管道及基坑参数与前面所述相同。基坑共分四层开挖，每次开挖深度为 2m，在开挖第二层土体时施加第一道支撑，在开挖第三层土体时施加第二道支撑。

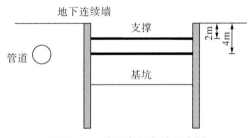

图 10-36　基坑内部支撑示意图

图 10-37 为增加一道和两道支撑时管道的应力分布。支撑数量越多，管道受力越小；当只有一道支撑时，管道的最大应力减小了 42.1%；当有两道支撑时，管道的最大应力减小了 50%。

图 10-38 为增加支撑后管道上表面的轴向应变曲线。增加支撑后管道的轴向应变明显减小，且最大轴向应变随支撑数量的增多而减小，但过多支撑作用则不明显。增加支撑后管道中部的轴向应变较为明显，而基坑边缘处的最大应变则向管道中部移动。

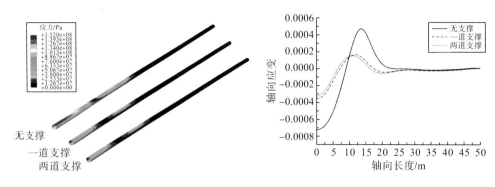

图 10-37　添加支撑后管道的应力分布　　图 10-38　添加支撑后管道的轴向应变曲线

图 10-39 为增加基坑内部支撑后管道的位移曲线。当只有一道支撑时，管道最大水平位移减小了 87%，管道最大竖向位移减小了 72%；当有两道支撑时，管道最大水平位移减小了 97%，管道最大竖向位移减小了 82%。可见，基坑内的支撑对水平位移的影响更为突出。

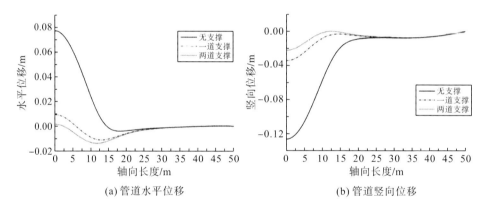

(a) 管道水平位移　　　　　　　　　(b) 管道竖向位移

图 10-39　增加支撑后管道的位移曲线

## 3. 锚杆支护

锚杆支护是基坑工程中常见的一种加固支护方式，其方法是将杆件打入地表岩体或围岩中，利用自身构造或依赖于黏结作用而产生悬吊效果、组合梁效果、补强效果，从而达到支护的目的。锚杆支护具有操作简单、成本低廉、效果明显等优点，目前已广泛应用于地下工程。图 10-40 为锚杆支护示意图。锚杆截面为圆形，半径为 0.025m，位于距基坑边 1/4 处，其中第一道锚杆位于距地表 2m 处，第二道锚杆位于距地表 4m 处。基坑共分四层开挖，每次开挖深度为 2m，开挖第二层土体时施加第一道锚杆，开挖第三层土体时施加第二道锚杆。

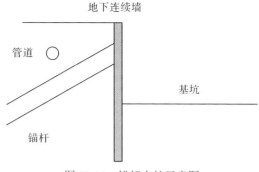

图 10-40　锚杆支护示意图

图 10-41 为增加锚杆后管道的应力分布。锚杆支护可较明显地起到保护管道的作用，阻挡因开挖而造成的土体扰动，减小管道所受的土压力。当只有一道锚杆时，管道最大应力减小了 27.6%；当有两道锚杆时，管道最大应力减小了 50%；基坑边缘处管道应力减小了约 67%。

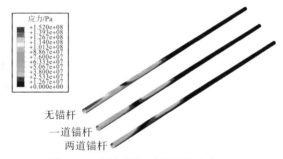

图 10-41　增加锚杆后管道的应力分布

图 10-42 为增加锚杆后管道上表面的轴向应变曲线。增加锚杆后管道的轴向应变明显减小，且最大轴向应变随锚杆数量的增多而减小。增加锚杆后在管道中部和基坑边缘处轴向应变的变化较明显。

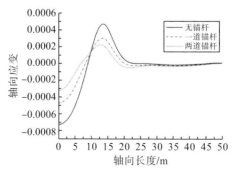

图 10-42　增加锚杆后管道的轴向应变曲线

图 10-43 为添加锚杆后管道的位移曲线。当只有一道锚杆时，管道最大水平位移减小了 46.8%，最大竖向位移减小了 48%；当有两道锚杆时，管道最大水平位移减小了 76.6%，最大竖向位移减小了 83%。

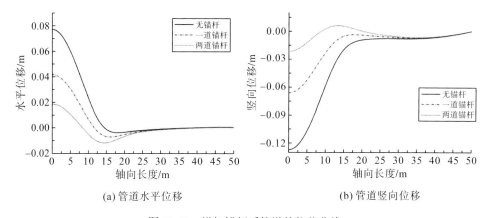

(a) 管道水平位移　　　　　　　　　　　　(b) 管道竖向位移

图 10-43　增加锚杆后管道的位移曲线

## 10.5.2　基坑开挖方式

### 1. 放坡开挖

在实际施工中，为了确保施工安全，当基坑设计尺寸超过一定深度时，基坑边缘应放出足够坡度，从而使整个工程稳步进行。放坡开挖中，放坡作用相当于挡土墙，可有效阻挡土体位移。图 10-44 为基坑放坡开挖示意图。基坑共分四层开挖，每次开挖深度为 2m，放坡坡度分别为 1∶0.125、1∶0.25。

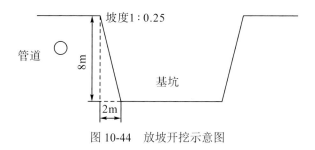

图 10-44　放坡开挖示意图

图 10-45 为放坡坡度分别为 1∶0.125 和 1∶0.25 时管道的应力分布。管道受力随坡度的减小而明显减小；当坡度为 1∶0.125 时，管道最大应力减小了 66.7%；当坡度为 1∶0.25 时，管道最大应力减小了 91.7%，此时管道基本不受开挖作用的影响。因此，放坡开挖可以有效改善管道的受力情况。

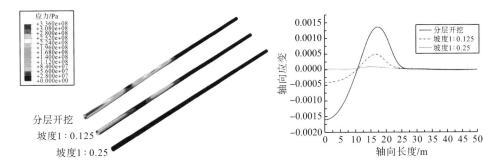

图 10-45　放坡开挖后管道应力分布　　　图 10-46　放坡开挖后管道轴向应变曲线

图 10-46 为放坡开挖后管道上表面的轴向应变曲线。放坡开挖后管道的轴向应变明显减小，且最大轴向应变随坡度的减小而减小。当坡度为 1：0.25 时，管道轴向应变的变化量很小。

图 10-47 为放坡开挖后管道的位移曲线。当坡度为 1：0.125 时，管道最大水平位移减小了 67.2%，最大竖向位移减小了 70.1%；当坡度为 1：0.25 时，管道最大水平位移减小了 95.2%，管道最大竖向位移减小了 97.1%。

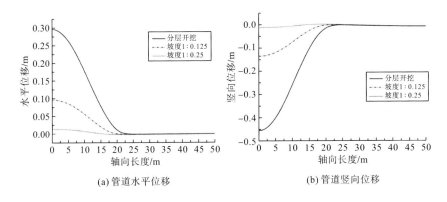

(a) 管道水平位移　　　　　　　　　　　(b) 管道竖向位移

图 10-47　放坡开挖后管道的位移曲线

## 2. 岛式开挖

在大型基坑工程中，以基坑中心为支点，向四周开挖土方，且以中心岛为支点来假设支护结构的开挖方法称为岛式开挖。岛式开挖可以有效提高挖土和运土的速度，从而加快工程进度，但同时由于先开挖四周的土方，从而使得基坑的时间效应更加显著，对于支护结构等存在不利影响。

图 10-48 为岛式开挖示意图。基坑深度为 8m，分层开挖每次开挖深度为 2m。岛式分层开挖将整体分为两层，步骤为先开挖四周土体①，开挖深度为 4m，再开

挖中心岛土体②，深度为4m；其次开挖四周土体③，深度为4m；最后开挖中心岛土体④，深度为4m。岛式开挖步骤为先开挖四周土体①和③，深度为8m，再开挖中心岛土体②和④，深度为8m。

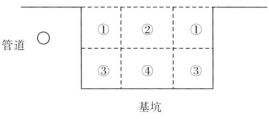

图 10-48　岛式开挖示意图

图 10-49 为岛式开挖时管道的应力分布。岛式开挖与普通分层开挖对管道的影响较为接近。岛式开挖虽然对邻近管道存在一定的时间效应，但影响并不显著。

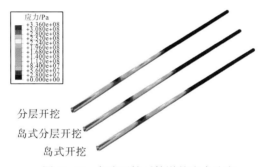

图 10-49　岛式开挖后管道的应力分布

图 10-50 为岛式开挖后管道上表面的轴向应变曲线。岛式开挖后管道的轴向应变有一定减小，但变化量并不明显。岛式分层开挖与岛式开挖在管道中部与基坑边缘处的最大应变基本相近，可见这两种开挖方式对管道的影响基本相同。

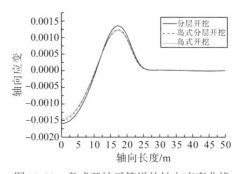

图 10-50　岛式开挖后管道的轴向应变曲线

　　如图 10-51 所示，采用岛式分层开挖时，管道最大水平位移与分层开挖时相比减小了 8.4%，采用岛式开挖后管道最大水平位移减小了 10.1%；采用岛式分层开挖时管道最大竖向位移比分层开挖减小了 7.2%，比采用岛式开挖时管道最大竖向位移减小了 10.5%。

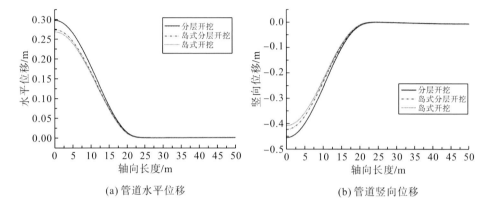

(a) 管道水平位移　　　　　　　　　　(b) 管道竖向位移

图 10-51　岛式开挖后管道的位移曲线

# 第 11 章　悬空管道力学行为

采空塌陷、洪水冲刷及其他人类活动易造成管道悬空，导致出现大变形，严重时甚至造成管道屈曲、断裂，威胁管道安全。

## 11.1　管道悬空长度的影响

管材为 X65，管道外径为 660mm，壁厚为 8mm，埋深为 3m。土体密度为 1950kg/m³，黏聚力为 30kPa，摩擦角为 22.5°，弹性模量为 50MPa，泊松比为 0.3。管道悬空后在自身重力影响下将出现大变形，图 11-1 为当悬空长度 $L$ 为 200m 时的管道变形。变形后管道将呈一条光滑曲线，最大位移出现在悬空管道中部；管道端部(出土处)将出现较大的应力集中，管道上表面受力相对较大，下表面高应力区集中在与土体相接触处；出土处管道上表面与土体出现一定分离，分离程度沿轴向逐渐减小。可见，管道的高应力区主要集中在管道出土处。

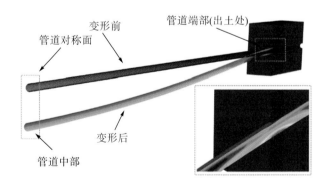

图 11-1　悬空管道变形

图 11-2 为不同悬空长度下管道的应力分布。管道整体受力随悬空长度的增大而增大。当悬空长度小于 200m 时，管道端部处于弹性变形阶段；当悬空长度大于或等于 200m 时，管道端部出现塑性变形；但随悬空长度的增大，管道中部没有发生塑性变形，该处应力逐渐稳定。管道端部的高应力区随悬空长度的增大逐

渐沿轴向扩展，当悬空长度大于 350m 时，其轴向范围的扩展速度放缓，高应力区沿轴向扩展的同时沿周向扩展。

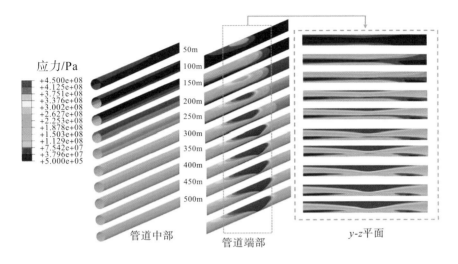

图 11-2　不同悬空长度下管道的应力分布

当悬空长度为 500m 时，管道上下表面的轴向应变如图 11-3 所示。管道应变峰值发生在端部(出土处)，上表面受拉而下表面受压。其余部位上下表面都为拉应变，且下表面的应变大于上表面，表明管道在悬空段主要受拉，且下表面变形较为严重。说明悬空管道的危险区在管道端部。

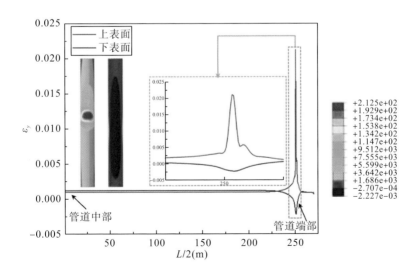

图 11-3　管道的轴向应变($L$=500m)

图 11-4 为不同悬空长度下管道的最大轴向应变。随着悬空长度的增大，管道的最大轴向应变逐渐增大。

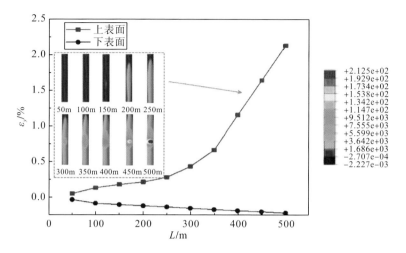

图 11-4　不同悬空长度下管道的最大轴向应变

当悬空长度为 500m 时，管道的等效塑性应变如图 11-5 所示。管道的最大等效塑性应变仅出现在管道端部，而且只发生在管道端部上表面，其余部位没有出现塑性应变。

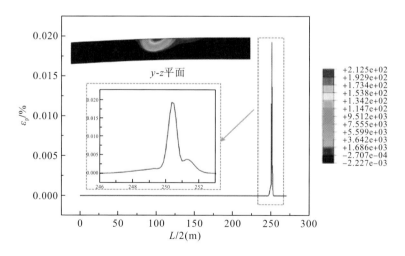

图 11-5　管道的等效塑性应变($L$=500m)

图 11-6 为不同悬空长度下管道的最大等效塑性应变。当 $L \leqslant 150\text{m}$ 时，管道仍处于弹性变形阶段；当 $L > 150\text{m}$ 时，管道开始出现塑性变形，且最大塑性应变

随悬空长度的增大而增大，变化率也不断增大，应变区沿轴向和周向不断扩展，且在最大应变区旁又出现第二个高应变区；当 $L>350$m 时，管道最大塑性应变近似呈线性变化。

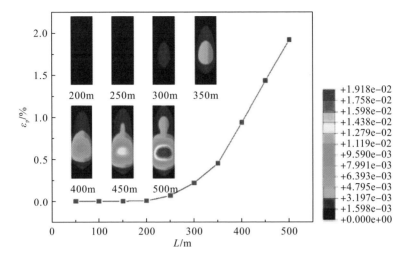

图 11-6　不同悬空长度下管道的最大等效塑性应变

图 11-7 为不同悬空长度下管道的最大位移与危险截面椭圆度，二者随悬空长度的增大而增大。当 $L=500$m 时，管道危险截面椭圆度为 4.35%，但管道横截面并没有呈明显的椭圆形，仍近似保持为圆形。

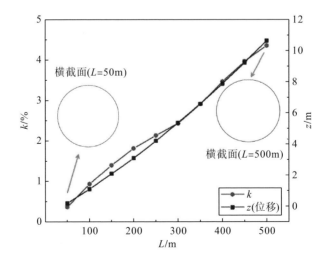

图 11-7　管道的最大位移与危险截面椭圆度

## 11.2　影响参数分析

### 11.2.1　管道直径

管道悬空后在自身重力下发生变形，悬空段所受重力与直径和壁厚存在如下关系：

$$G = \frac{\pi}{4}\rho Lg(2Dt - t^2) \qquad (11\text{-}1)$$

式中，$G$ 为管道所受重力；$L$ 为悬空段长度；$\rho$ 为管道密度；$g$ 为重力加速度。

当管道壁厚为恒定值时，管道所受重力与自身直径呈线性关系。不同直径管道的最大应力如图 11-8 所示。当 100m<$L$<200m 时，管道应力随直径的增大而减小。当 $L$≥200m 时，管道应力变化较小。

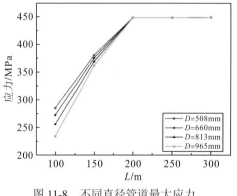
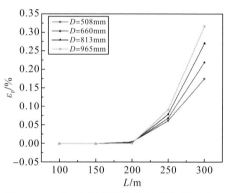

图 11-8　不同直径管道最大应力　　　图 11-9　不同直径管道最大等效塑性应变

图 11-9 为不同管径管道的最大等效塑性应变。当 $L$<150m 时，管道处于弹性变形阶段；当 150m<$L$<200m 时，管道产生的塑性变形较小，其随悬空长度的增大而增大；当 $L$>150m 时，管道的塑性应变逐渐增大，不同管径下塑性应变的差距逐渐增大，大直径管道产生的塑性应变较大。这是由于大直径管道的受力较大，但刚度较小，易产生塑性变形。

图 11-10 为不同管径的最大轴向应变。对于管道上表面，当 100m<$L$<200m 时，最大轴向应变随管径的增加而减小，但不同管径之间的差距逐渐减小；当 $L$>200m 时，管道轴向应变的差距逐渐增大，变化率也逐渐增大，且最大轴向应变随管径的增大而增大。管道下表面的最大轴向应变随悬空长度和管径的增大而增大，但不同管径之间的差距都较小。

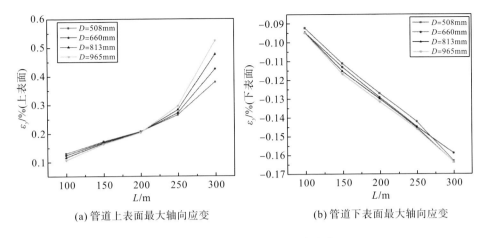

(a) 管道上表面最大轴向应变　　　　　　　　(b) 管道下表面最大轴向应变

图 11-10　不同管径的最大轴向应变

## 11.2.2　管道壁厚

管道所受重力与管道壁厚呈非线性关系，因此壁厚对管道的影响与直径是存在差异的。当管道直径为 660mm 时，图 11-11 为不同壁厚管道的最大应力。不同壁厚管道应力之间的差距很小，说明壁厚对管道的最大应力并不敏感。

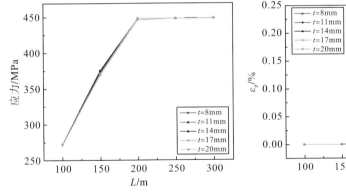

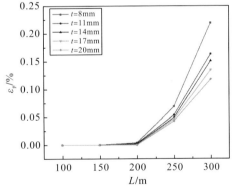

图 11-11　不同壁厚管道的最大应力　　　图 11-12　不同壁厚管道的最大等效塑性应变

图 11-12 为不同壁厚管道的最大等效塑性应变。当 $L > 150\text{m}$ 时，管道的塑性应变逐渐增大，变化率也逐渐增大，且最大塑性应变随壁厚的增大而减小。因为同一直径管道壁厚越大，管道刚度也越大。

图 11-13 为不同壁厚管道的最大轴向应变。对于管道上表面，当 $100\text{m} < L < 200\text{m}$ 时，管道轴向应变逐渐增大，但不同壁厚管道应变的差距却非常小；当 $L > 200\text{m}$ 时，管道轴向应变的差距逐渐增大。管道下表面的最大轴向应变随悬空长度

的增大而不断增大，随壁厚的增大而不断减小。

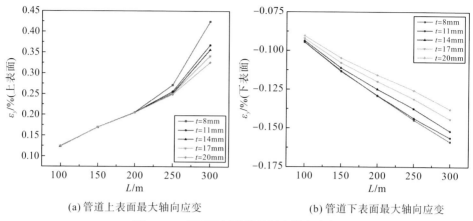

(a) 管道上表面最大轴向应变                    (b) 管道下表面最大轴向应变

图 11-13   不同壁厚管道的最大轴向应变

## 11.2.3   输气管道内压

当管道直径为660mm，壁厚为8mm时，压力管道与无压管道的对比如图11-14所示。当悬空长度较小时，压力管道的应力大于无压管道，但差距很小；随着悬空长度的增大，两者之间差距越来越小。

图 11-15 为不同内压下管道的最大应力。管道的最大应力区仍位于管道端部，在内压作用下管道应力逐渐增大，高应力区范围逐渐沿轴向增大，且变化率也逐渐增大。

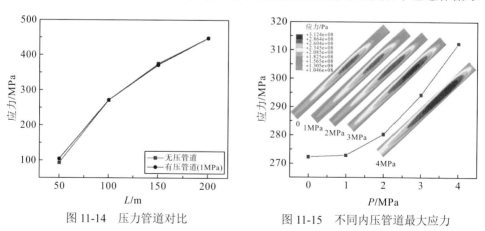

图 11-14   压力管道对比                      图 11-15   不同内压管道最大应力

图 11-16 为不同内压下管道的最大轴向应变分布。上表面和下表面的最大轴向应变都随内压的增大而增大，但管道上表面轴向应变的变化率大于下表面，两者的变化率都近似呈线性变化。

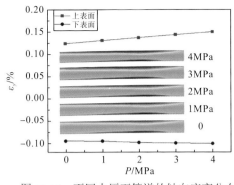

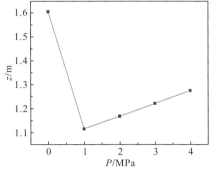

图 11-16　不同内压下管道的轴向应变分布　　　图 11-17　不同内压下管道的最大位移

图 11-17 为不同内压下管道的最大位移。压力管道能明显减小管道挠度，当内压为 1MPa 时，挠度仅为无压管道的 70%。但当内压增大后，管道挠度逐渐增加，但仍远小于无压管道。

### 11.2.4　输油管道流体

输油管道内的流体重量也会增大悬空管道的受力情况。管道内的介质重量可以通过下式计算：

$$w = \pi \rho \left( \frac{D}{2} - t \right)^2 g \tag{11-2}$$

式中，$w$ 为管道内的介质重力，N/m；$\rho$ 为介质密度。

图 11-18 为输油管道的最大应力分布。在介质重力的作用下，管道应力大于空管。当悬空长度为 150m 时，输油管道出现塑性变形。

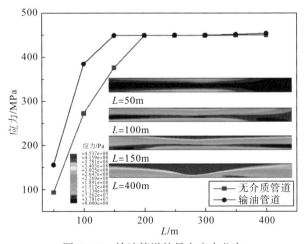

图 11-18　输油管道的最大应力分布

    图 11-19 为输油管道的最大塑性应变，其随悬空长度的增大而增大，但变化率与无介质管道有所区别。当悬空长度小于 300m 时，管道应变的变化率逐渐增大；当悬空长度大于 300m 时，应变的变化率减小。

    图 11-20 为输油管道的位移和最大轴向应变。管道的位移变化与无介质管道的位移变化趋势相似，管道最大轴向应变的变化率先增大后逐渐减小。

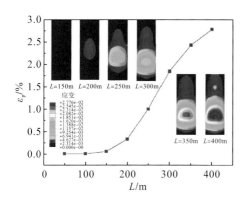 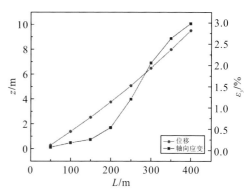

图 11-19  输油管道最大塑性应变       图 11-20  输油管道位移和最大轴向应变

# 第 12 章　爆炸载荷下埋地管道力学行为

## 12.1　数值仿真方法

### 12.1.1　ALE 算法与耦合

对爆炸过程进行仿真时，最大的问题是结构大变形可能导致网格产生严重的畸变，甚至出现沙漏模态，从而使计算过程产生动荡且计算困难，而 ALE 算法能较好地处理爆炸分析问题。ALE 算法同时具有 Lagrange 算法和 Euler 算法的特点，在结构边界的处理上，它具有 Lagrange 算法的特点，从而可有效跟踪物质结构边界运动；在内部网格的划分上，它具有 Euler 算法的特点，可将内部网格单元与物质实体分开。但与 Euler 网格不同的是，ALE 网格能够根据定义的参数在求解过程中适当地调整网格位置，避免其发生严重畸变[63]。Lagrange 算法只有单层材料网格，当材料变形太大时，网格会出现严重畸变；Euler 算法包括固定空间网格与材料网格，但难以捕捉材料边界；而 ALE 算法的网格层数包括运动的空间网格与材料网格，当材料网格发生变形运动时，空间网格也会运动，使材料变形能够传递给空间网格。

在处理 Lagrange 单元与 ALE 单元的流固耦合问题时，关键是处理好固体单元与流体单元间的协同作用，为了实现材料单元间的耦合(相当于接触过程)，可以通过有限元理论中单元的约束方程即罚函数来控制。

### 12.1.2　材料模型与参数

#### 1. 炸药材料

炸药爆炸过程的数值模拟主要有两种方法：一是把爆炸物当作分布均匀的高压高能气体，该方法未考虑炸药变为气体的化学过程，只考虑了爆炸效应对环境的作用。二是把炸药引爆后，按照其爆炸产物状态方程进行计算，这种方法能够更准确地模拟炸药爆炸过程，爆炸产物在数值模拟过程中常用的状态方程是 JWL 状态方程[64]。

爆炸之前，炸药材料的性质可使用理想的弹塑性本构模型来描述；爆炸之后，爆炸产物呈气体性能，采用状态方程描述其变化过程。炸药采用 HIGH_EXPLOSIVE_BURN 材料模型，其爆炸产物的膨胀过程采用 JWL 状态方程描述：

$$p = A\left(1 - \frac{\omega}{R_1 V_1}\right)e^{-R_1 V} + B\left(1 - \frac{\omega}{R_2 V_2}\right)e^{-R_2 V} + \frac{\omega E_1}{V_1} \tag{12-1}$$

式中，$p$ 为爆炸产物的压力；$E_1$ 为单位体积爆炸产物的内能；$V_1$ 为爆炸产物的相对体积。

TNT 炸药材料的参数和状态方程的相关参数如表 12-1 所示。

**表 12-1    TNT 炸药的材料和状态方程参数**[65]

| $\rho$ /(kg/m³) | $V_D$/(m/s) | $P_{CJ}$/GPa | $A$/GPa | $B$/GPa | $R_1$ | $R_2$ | $\omega$ | $E_1$/(J/m³) | $V_1$ |
|---|---|---|---|---|---|---|---|---|---|
| 1640 | 6930 | 27 | 374 | 3.23 | 4.15 | 0.95 | 0.3 | $7 \times 10^9$ | 1 |

## 2. 岩土材料

砂土采用 SOIL_AND_FOAM 材料模型，是 Krieg 在 1972 年针对土壤和泡沫塑料提出的简化模型，较适合于模拟土壤及泡沫材料的大变形行为[64]。该模型经常用于模拟砂土等多孔介质材料，且在模拟爆炸过程中的适用性已经得到验证[66,67]。

软土采用 MOHR_COULOMB 材料模型，能较好地模拟岩土介质在爆炸载荷作用下的弹塑性状态，且在大变形计算中具有较高的稳定性，软土地层密度为 1840kg/m³，弹性模量为 20MPa，黏聚力为 15kPa。

## 3. 空气材料

空气采用 NULL 材料模型，通过使用状态方程来避免偏应力的计算，假设空气为无黏性的理想气体，爆炸波膨胀传播的过程为绝热过程，采用 LINEAR_POLYNOMIAL 状态方程来描述其膨胀过程，且线性多项式状态方程：

$$p_0 = C_0 + C_1\mu + C_2\mu^2 + C_3\mu^3 + (C_4 + C_5\mu + C_6\mu^2)E_2 \tag{12-2}$$

$$\mu = \frac{1}{V_2} - 1 \tag{12-3}$$

式中，$p_0$ 为空气的压力；$E_2$ 为单位体积空气的内能；$V_2$ 为空气的相对体积；其余均为状态方程参数。

用线性多项式状态方程来描述空气状态时应遵守 Gamma 定律。

## 4. 管道材料

在高速率加载下的材料动力响应分析需要考虑应变速率对材料力学性能的影响，可采用合理的本构关系模型[68]。综合考虑应变硬化和应变率硬化对材料本构关系的影响，管道采用 SIMPLIFIED_JOHNSON_COOK 材料模型，其本构关系：

$$\sigma_y = (A + B\overline{\varepsilon}^{p^n}) + (1 + C\ln\dot{\varepsilon}^*) \tag{12-4}$$

式中，$\overline{\varepsilon}^p$ 为等效塑性应变；$\dot{\varepsilon}^*$ 为等效应变率；其余均为材料常数。

## 12.2　地表爆炸载荷下埋地管道力学行为

爆炸的种类有许多，埋地管道经常遇到的是爆炸源在地表爆炸后产生的冲击破坏，如车辆爆炸、常规炮弹爆炸、恐怖袭击爆炸及危险品储存仓库爆炸等意外或人为爆炸事故。地表爆炸的一部分能量通过空气释放到周围的环境中，这部分能量对埋地管道的影响较小，而另一部分能量可破坏地表形成爆坑，并通过波的形式作用于埋地管道上。

### 12.2.1　无压管道力学行为

#### 1. 数值计算模型

如图 12-1 所示，模型中土体高为 2.5m，管道外径为 813mm，壁厚为 10mm，埋深为 1m；炸药形状为边长 20cm 的正方体。为分析管道上关键点的应力和位移时间历程，以管道上部中心的迎爆点 $A$ 为起点，沿周向顺时针方向每隔 45° 取一个关键点，沿轴向每隔 0.5m 取一个关键点[69]。

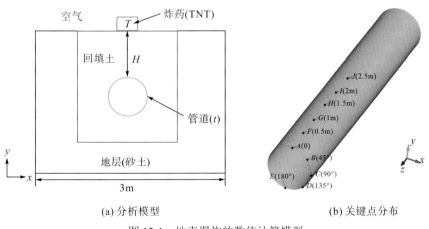

(a) 分析模型　　　　　　　　　　　　(b) 关键点分布

图 12-1　地表爆炸的数值计算模型

地层和回填土材料均采用砂土，炸药为 TNT 炸药。除对称面和空气域顶部的自由表面外，其他面均采用无反射边界条件。

## 2. 仿真结果分析

图 12-2 为不同时刻埋地管道的应力分布。2697μs 时管道上部中心迎爆点附近出现明显应力区,爆炸波开始作用于管道。对比 6180μs 与 2697μs 时管道的变形和应力,管道在短时间内产生了明显变形且应力分布变化较大,管道上部中心出现了细长状的高应力区并向轴向延伸;管道肩部出现一个较小的高应力区,并同时向轴向和周向延伸,且管道下部开始出现明显的应力分布。10018μs 时管道变形增大且中心凹陷,应力区沿轴向缓慢延伸,管道下部应力区向底部扩展。15000μs 时管道凹陷不断增大,管道上部应力区沿轴向缓慢延伸,但以迎爆点为中心区域应力出现局部衰减;管道下部均出现明显的应力分布。

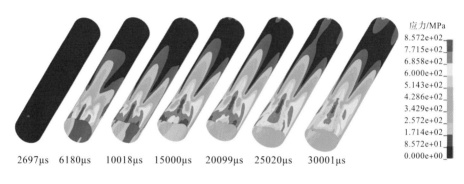

| | | | | | | | 应力/MPa |
| --- | --- | --- | --- | --- | --- | --- | --- |
| 2697μs | 6180μs | 10018μs | 15000μs | 20099μs | 25020μs | 30001μs | |

图 12-2　无压管道的应力分布

20099μs 时管道变形继续增大,上部高应力区继续沿轴向扩展,以迎爆点为中心的局部区域的应力值明显减小;管道下部应力明显增大且分布均匀。25020μs 时管道变形基本不变,上部中心的高应力区有所增大,但受到应力衰减区扩大的影响,管道肩部的高应力区明显减小,且整个应力区变化不大。30001μs 时管道出现明显回弹,管道中心的高应力区明显缩小,管道肩部的高应力逐渐消失,且整个应力区略有缩小;管道下部的应力分布变化不大,此时爆炸波作用基本结束。

图 12-3 为不同时刻埋地管道的塑性应变分布。3598μs 时管道上部迎爆点位置开始出现明显的塑性应变;4319μs 时上部中心的塑性应变区明显扩大,管道肩部也出现细长状的塑性应变;5459μs 时管道上部中心的塑性应变区呈细长状且沿轴向延伸,塑性应变值明显增大,而管道肩部的塑性应变区变化不大;10018μs 时管道上部塑性应变区沿轴向不断延伸,且中心出现针状高塑性应变区;14340μs 时管道上部塑性应变区和针状高应变区沿轴向继续延伸,管道肩部的塑性应变区向周围继续扩展,塑性应变值有所增大;17520μs 和 30001μs 时管道的整个塑性应变区呈"山"字形沿轴向延伸,应变区中部的应变较大,肩部应变较小,且应

变值基本不变。

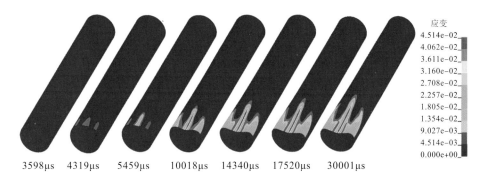

图 12-3　无压管道的塑性应变分布

图 12-4 为管道周向各关键点沿 $Y$ 轴负方向位移。总体上，各点位移量由 $A$ 点至 $E$ 点不断减小；2.5ms 左右，各点几乎同时出现位移；$A$ 点位移在短时间内沿 $Y$ 轴负方向快速增大，此时管道产生明显凹陷，然后位移量缓慢增大，25ms 左右达到最大值，然后位移量缓慢减小，管道开始逐渐回弹；$B$ 点位移的变化趋势与 $A$ 点类似，但变化率较小；$C$、$D$ 两点的位移随时间不断增大，而位移变化率较小；$E$ 点位移先缓慢增大，然后出现轻微反弹，最后趋于稳定。

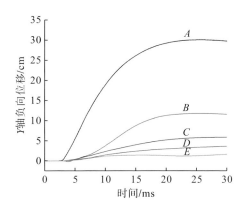

图 12-4　无压管道周向各点位移变化

图 12-5 为管道轴向关键点沿 $Y$ 轴负方向位移。总体上，各点位移量由迎爆点 $A$ 沿管道轴向不断减小，且越靠近 $A$ 点越早出现回弹；轴向各点越靠近 $A$ 点越早出现位移，$A$ 点和 $F$ 点位移的变化规律类似；$G$ 点位移先增大，且位移变化率在出现两个相反波动后逐渐趋于稳定，然后发生回弹；$H$、$I$ 和 $J$ 点位移的变化趋势类似，在出现一个小波动后缓慢增大，最后趋于平稳。

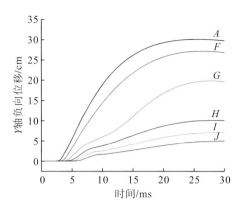

图 12-5 无压管道轴向各点位移变化

图 12-6 为管道周向关键点的应力时间历程。$A$ 点和 $B$ 点的应力相对较大，且在短时间内快速达到约 700MPa，然后出现较大波动；$A$ 点应力在达到约 840MPa 后基本保持不变，$B$ 点应力在达到约 760MPa 后也基本保持不变，稳定一段时间后 $A$ 点和 $B$ 点应力开始快速减小，15ms 之前 $A$ 点应力大于 $B$ 点，15ms 之后 $B$ 点应力大于 $A$ 点；$C$ 点的应力变化主要经过两个波动，第一个波动较陡，第二个波动较缓，且两个波动的峰值都在 460MPa 左右；$D$ 点和 $E$ 点的应力波动增大，但相对其他点的波动较小，且 $E$ 点的应力后期增大得较快。

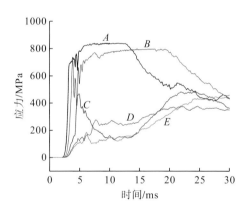

图 12-6 无压管道周向各点应力变化图

图 12-7 为管道轴向关键点的应力时间历程。$A$ 点和 $F$ 点应力的变化规律类似，7ms 之前 $A$ 点应力大于 $F$ 点，7ms 之后 $F$ 点应力大于 $A$ 点；两点应力在稳定后几乎同时开始减小，但 $A$ 点应力的减小率较大；其余各点应力的变化规律类似，都是先迅速增大，经过一个或两个小波动后缓慢增大，然后趋于稳定，最后缓慢减小。

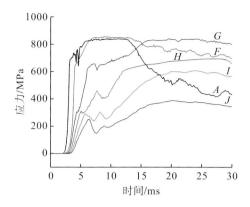

图 12-7　无压管道轴向各点应力变化图

## 12.2.2　压力管道力学行为

当管道内压为 4MPa 时，不同时刻承压管道的应力分布如图 12-8 所示。高应力区主要出现在以管道上部迎爆点 $A$ 为中心的局部区域，并不断向管道其他部位扩展，应力值也不断增大。2940μs 时管道上部靠近迎爆点 $A$ 处出现了明显的应力区，爆炸波开始作用于管道；3419μs 时应力区以迎爆点为中心向四周均匀扩展，且应力值明显增大；5280μs 时管道上部中心出现沿轴向分布的高应力区，主要沿轴向扩展；7377μs 和 9538μs 时高应力区的轴向不断减小，周向不断增大，且管道出现明显变形，管道应力区主要沿周向扩展，管道底部应力明显增大；11398μs 时高应力区出现局部应力衰减，局部出现回弹，应力区主要沿轴向扩展，底部应力进一步增大；14999μs 时管道整体出现回弹，管道上部和肩部出现高应力区，应力区继续沿轴向扩展。

图 12-8　承压管道的应力分布

图 12-9 为不同时刻管道的塑性应变分布。高塑性应变区主要出现在管道中心截面边缘，管道的塑性应变区先沿轴向扩展，再沿周向局部扩展。3897μs 时管道

上部中心和肩部开始出现塑性应变；5399μs 时管道上部的塑性应变区开始向周围扩展，且主要沿轴向扩展；6598μs 时管道上部和肩部的塑性应变区向周围缓慢扩展，且塑性应变区中心的应变明显增大；8517μs 和 9660μs 时管道上部和肩部的塑性应变区沿周向不断扩展融合，管道中心截面附近的应变值有所增大；12540μs 和 14999μs 时管道中心截面边缘出现高塑性应变区，而整个塑性应变区的变化不大。

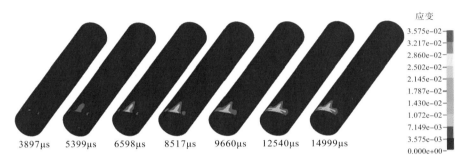

图 12-9　承压管道应变分布

图 12-10 为管道中心截面关键点沿 Y 轴负方向位移。各点在 3ms 左右开始出现明显位移，A 点最大，E 点最小。A 点位移先快速增大，10.5ms 左右达到最大值，然后出现回弹并快速减小；E 点和 C 点位移随时间缓慢增大，C 点位移的变化率较大，且后期趋于稳定，两点均未出现回弹。

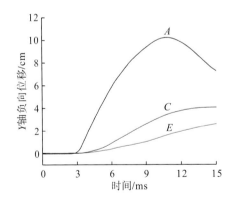

图 12-10　承压管道关键点的位移

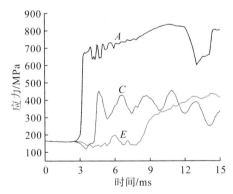

图 12-11　承压管道关键点的应力

图 12-11 为管道中心截面关键点应力的时间历程。A 点应力最大，并在短时间内急剧增大，其波动增加，且波动幅度逐渐减小，最后稳定增大，10.5ms 左右出现最大值，应力稳定较短时间后开始急剧减小，13ms 左右达到波谷，由于内压作用应力又快速增大。E 点应力略有减小后稳定波动，8ms 左右快速增大，而 9ms

之后缓慢增大。C 点应力略有减小后急剧增大,然后以较大幅度稳定波动,在 12ms 之后应力的波动减小。

图 12-12 为不同内压作用下管道 A 点回弹时刻的应力分布。内压越大,管道变形越小,高应力区越小,管道整体应力越大。无内压时,管道上部中心和肩部出现局部高应力区;当内压为 2MPa 时,管道上部边缘出现高应力区;当内压为 4MPa 时,管道上部边缘高应力区明显减小,应力区向管道整体扩展;当内压分别为 6MPa 和 8MPa 时,管道上部最大应力值降低,但整体应力值增大。

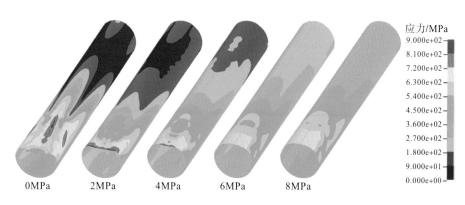

图 12-12　内压对管道应力的影响

图 12-13 为不同内压作用下管道塑性应变分布。内压越大,管道的塑性应变区越小,管道整体的塑性应变值越小。无内压时,管道上部中心和肩部出现较大的塑性应变区,应变区中心轴线位置的塑性应变较大;当内压为 2MPa 时,塑性应变区以 A 点为中心明显缩小,肩部出现局部高塑性应变区;当内压大于 4MPa 时,塑性应变区进一步缩小。

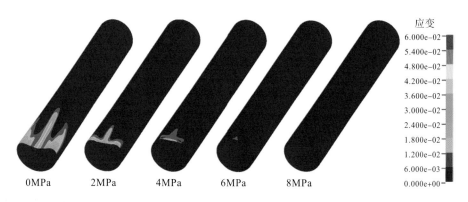

图 12-13　内压对管道塑性应变的影响

如图 12-14 所示，管道内压对 $E$ 点位移的影响较小，$A$ 点凹陷随管道内压的增大而快速减小；管道的最大塑性应变随内压的增大而减小。

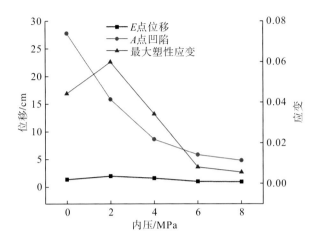

图 12-14　内压对最大塑性应变和位移的影响

## 12.3　空中爆炸载荷下埋地管道力学行为

### 12.3.1　数值计算模型

建立数值计算模型如图 12-15 所示。为分析管道上关键点的应力时间历程，以管道上部中心迎爆点 $A_1(B_1)$ 为起点，沿周向顺时针方向每隔 45° 取一个关键点，沿轴向每隔 0.5m 取一个关键点，如图 12-16 所示。

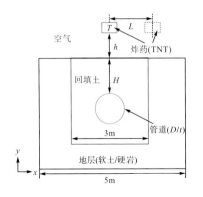

图 12-15　空中爆炸的数值计算模型

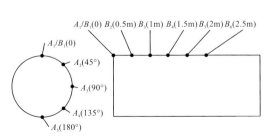

图 12-16　空中爆炸时管道关键点分布图

### 12.3.2　管道力学行为

　　软土地层中不同时刻管道的应力分布如图 12-17 所示。3059μs 时爆炸波开始作用于管道，管道以迎爆点为中心出现明显的应力分布，且应力向周围呈衰减扩散；3599μs 时管道的应力大小和分布区域快速增大；5997μs 时管道出现明显变形，应力区已扩展到管道大部分区域，高应力区分别位于管道上部中心和肩部区域，高应力区呈细长状并沿轴向延伸；8277μs 时管道凹陷增大，应力区开始向管道中心收缩，管道肩部的高应力区消失；10318μs 时管道继续向下凹陷，应力区进一步收缩，高应力区逐渐减小；19137μs 时管道缓慢向下凹陷，应力区也缓慢收缩，管道底部的应力大小和分布区域有所增大，上部中心的高应力区消失，而肩部形成了角状高应力区；30000μs 时管道开始缓慢回弹，整体应力减小。

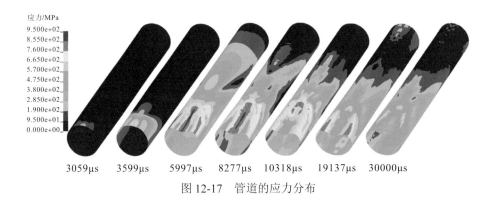

图 12-17　管道的应力分布

　　不同时刻管道塑性应变分布如图 12-18 所示。3960μs 时以迎爆点为中心的局部区域出现了明显的塑性应变；4257μs 时中心塑性应变区不断扩大，肩部也出现细长状的局部塑性应变区；5340μs 时塑性应变区主要沿管道轴向延伸，均呈细长状且肩

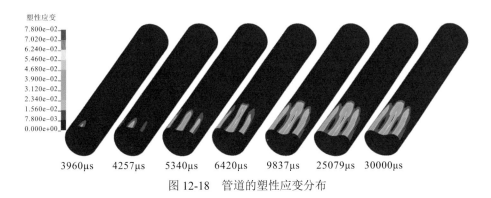

图 12-18　管道的塑性应变分布

部塑性应变有所增大；6420μs 时塑性应变区进一步沿轴向伸长，管道上部中心的塑性应变区较大，且该区域中心距迎爆点一定距离处出现了针形的高塑性应变区；9837μs 时塑性应变区主要沿周向扩展，中心和肩部应变区逐渐靠近；25079μs 以后，管道中心和肩部的塑性应变区进一步靠近，塑性变形区稳定。

图 12-19 为管道中心截面关键点的应力。各点应力整体上波动较大，且 30ms 时应力集中在一个较小范围内。迎爆点 $A_1$ 的应力波动最大，应力值也最大，首次波动为主要波动；$A_2$ 点应力主要在高应力区波动，波动峰值相差不大，且 $A_1$ 点和 $A_2$ 点的应力均在 24ms 左右开始快速减小；$A_3$ 点和 $A_5$ 点的应力均在 20ms 左右达到峰值，然后开始减小；$A_4$ 点的应力相对其他各点较小，在 13ms 左右达到第二个峰值后缓慢减小。

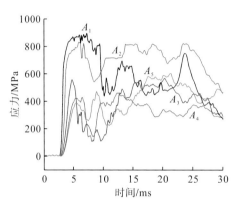 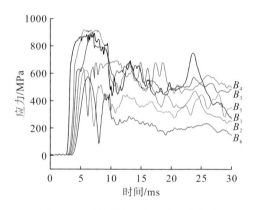

图 12-19　管道截面关键点应力的变化　　图 12-20　管道轴向关键点应力的变化

图 12-20 为管道轴向关键点的应力。轴向各点应力随时间波动较大，$B_1$、$B_2$、$B_3$ 点的应力变化类似，且相对其他各点较大，7ms 左右达到峰值，24ms 左右出现最后一个明显波峰后开始减小；$B_4$、$B_5$、$B_6$ 点距离迎爆点 $B_1$ 越近，相对应力也越大，三点应力在 9ms 之前具有相似的变化规律，9ms 之后 $B_4$ 点的应力在较高应力区波动，$B_5$、$B_6$ 点的应力在较低应力区波动。

图 12-21 为不同时刻管道中心横截面。管道截面的变化主要分两个部分，一是管道上部出现明显的凹陷，二是管道中部和底部呈椭圆形变化，即管道截面中部的曲率减小，底部曲率增大。管道上部凹陷在 23.82ms 左右达到最大，之后开始回弹。

如图 12-22 所示，管道纵截面变形可分为塑性变形区和变形影响区。塑性变形区是爆炸波的主要作用区域，位于迎爆点沿轴向扩展大约 1.5m 的范围内，该区域管道首先产生较大的变形和塑性应变；变形影响区为塑性变形区以外的区域，主要受塑性变形区的影响而产生变形。5.04ms 时塑性变形区产生较大变形，而变形影响区无明显变形，说明塑性变形区需要较大变形量才能对变形影响区产生影响，且变形影响区变形相对滞后。变形影响区的变形不断增大，且不受塑性变形区中心管道回弹的影响。

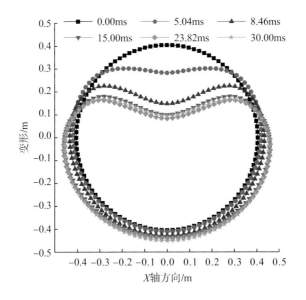

图 12-21　管道横截面变形

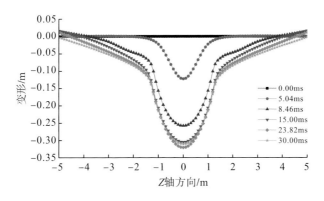

图 12-22　管道纵截面变形

图 12-23 为管道中心截面积的变化。4ms 左右，爆炸波开始作用于管道上，管道截面积在短时间内迅速减小约 12%；截面积减少率在 9ms 左右开始缓慢增大；22ms 左右，曲线变化率增大，截面积加快减小，这是因为管道凹陷越接近管道中心，截面积变化对凹陷量就越敏感；截面积减少率在 25ms 左右达到最大值，此时管道截面积减小约 15%，然后开始回弹，截面积逐渐增大。

　　图 12-24 为管道动能、内能和总能量随时间的变化曲线。5ms 之前作用在管道上的能量快速转化为管道的动能和内能，且动能较大，然后管道动能开始迅速衰减，一部分动能转化为内能，另一部分动能在与土壤接触过程中被消耗；10ms 之前，管道内能快速增大，前期主要是爆炸波的作用，而后期内能主要由动能转化而来；10ms 之后，管道几乎没有动能，内能也开始缓慢减小；管道总能量在6ms 左右出现最大值，然后以较大速率衰减，最后与内能一起缓慢减小。

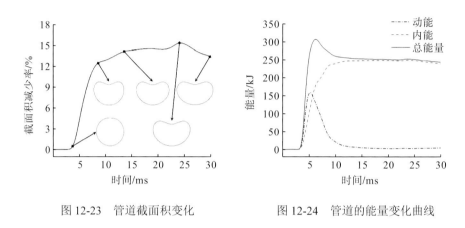

图 12-23　管道截面积变化　　　　　　图 12-24　管道的能量变化曲线

# 12.4　地下爆炸载荷下埋地管道力学行为

　　当爆炸源位于地表以下时，爆炸波对埋地管道的作用位置和效果与空中爆炸时有较大的区别，且爆炸波的传播受地表位置的影响。埋地管道可能遇到的地下爆炸载荷有地铁、隧道等地下工程的爆破施工，人为预埋炸药的恐怖袭击，战争时使用钻地武器等情况。当炸药埋深较大时，爆炸类型属于封闭爆炸，受空气界面的影响较小，爆炸在岩土中产生空腔，爆炸波通过岩土传播作用于埋地管道上。当炸药埋深较小时，爆炸类型属于接触爆炸，受空气界面的影响较大，爆炸在岩土中产生的空腔很可能与空气连通，从而有大量能量释放到空气中，这时通过岩土传播作用于埋地管道上的爆炸波能量较小。

## 12.4.1　数值计算模型

　　建立数值计算模型如图 12-25 所示，以管道最右端的迎爆点 $A_1(B_1)$ 为起点，沿周向逆时针方向每隔 45° 取一个关键点，轴向每隔 0.5m 取一个关键点，如图 12-26 所示。

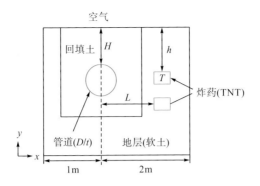

图 12-25　地下爆炸的数值计算模型

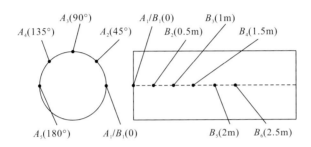

图 12-26　地下爆炸的管道关键点分布图

## 12.4.2　管道力学行为

当炸药正对埋地管道右端时，不同时刻管道的应力分布如图 12-27 所示。管道的应力分布基本沿管道最右端中心纵截面对称，即空气域对埋地管道应力分布的影响较小。1318μs 时管道最右端出现明显应力分布，爆炸波开始作用于管道；2577μs 时应力区在短时间内快速变大，迎爆点位置出现高应力区；4798μs 时管道右端被明显压平，且中心出现轻微凹陷，应力区沿管道轴向快速延伸，高应力区分布在迎爆点附近局部位置；9180μs 时管道凹陷增大，应力区继续增大，但局部

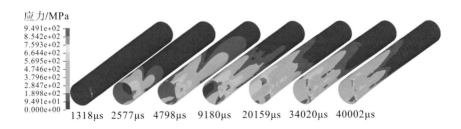

图 12-27　埋地管道的应力分布

位置出现应力衰减，高应力区扩大；20159μs 时管道凹陷继续增大，管道上部和下部出现较大的高应力区，但迎爆点附近的应力较小；34020μs 时凹陷增大，应力区收缩；40002μs 时管道开始回弹，应力区变化不大。

图 12-28 为不同时刻管道的塑性应变分布。2278μs 时迎爆点位置出现了明显的塑性应变；2939μs 时塑性应变区变大，且该区域也出现了塑性应变；5098μs 时塑性应变区不断扩展；8459μs 和 18479μs 时塑性应变区不断沿轴向和周向扩大，形成一个"山"字形区域；30779μs 时塑性应变区主要沿周向扩展；40002μs 时管道的塑性应变区变化不大。

图 12-28　埋地管道的塑性应变分布

图 12-29 为埋地管道中心截面关键点的应力变化曲线。总体上 $A_2$ 点的应力最大，其余各点应力较小且波动较大，$A_2$ 点的应力快速增大到约 800MPa 后缓慢增大，35ms 后减小；迎爆点 $A_1$ 的应力在达到第一个峰值后不断波动，9ms 后应力快速减小，20ms 左右达到波谷，然后波动增大；$A_3$、$A_4$、$A_5$ 点的应力在 600MPa 以下大幅度波动。

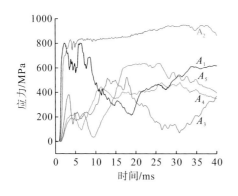

图 12-29　埋地管道截面应力变化

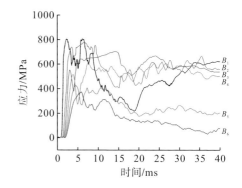

图 12-30　埋地管道轴向应力变化

图 12-30 为埋地管道沿轴向各关键点的应力变化曲线。$B_1$ 到 $B_4$ 点的应力相对较大，迎爆点 $B_1$ 的应力经过较大波动后逐渐增大，$B_2$、$B_3$、$B_4$ 点的应力经过两次

较大波动后，在 600MPa 左右出现小幅度波动。总体上 $B_5$ 点和 $B_6$ 点的应力先快速增大到峰值，然后逐渐减小且有较小波动，$B_5$ 点的应力相对较大。

图 12-31 为不同时刻管道中心横截面变形。以管道右端迎爆点为中心，凹陷尺寸沿横截面周向不断扩大，凹陷形状由拱形逐渐变为平直形；管道左端出现较大位移，且随时间的增加而增大。通过对比，管道在 40.002ms 时开始回弹，且左端位移不受回弹的影响。

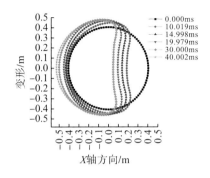

图 12-31 埋地管道横截面变形

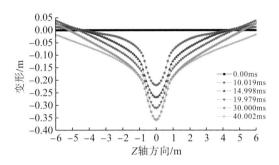

图 12-32 埋地管道纵截面变形

图 12-32 为不同时刻埋地管道过迎爆点的纵截面变形。管道整体位移不断增大，且不受管道回弹的影响。纵截面以迎爆点为中心出现漏斗形凹陷，且凹陷沿 Z 轴方向的尺寸变化不大，均在 2m 左右，但迎爆点处的曲率半径随时间的增加而不断减小。

图 12-33 为埋地管道中心截面的面积变化。2ms 左右，爆炸波开始作用于管道，截面积开始快速减小；9ms 左右，截面积减少约 10%，然后以较小速率继续减小；30ms 左右，截面积最小，约减小 16%，然后管道开始回弹，截面积逐渐增大。

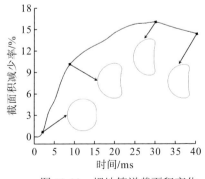

图 12-33 埋地管道截面积变化

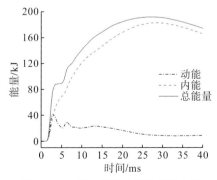

图 12-34 埋地管道的能量变化曲线

图 12-34 为爆炸过程中管道动能、内能和总能量的变化曲线。管道内能远大于动能，尤其是爆炸后期。地下爆炸中，管道动能占总能量的比例明显大于空中

爆炸的情况，而这正是管道截面位移较大的原因。管道动能经过 3ms 和 7ms 两次明显波动后缓慢减小，但始终存在一个明显的动能。管道内能的变化曲线近似呈抛物线形，在 29ms 左右达到最大值。管道总能量在 2ms 左右开始急剧增大；4ms 之后由于内能增大与动能减小基本平衡，则总能量基本保持不变；6ms 之后，总能量继续增大，其变化趋势与内能的变化趋势相似。

# 12.5　两点爆炸载荷下埋地管道力学行为

当存在多个初始爆源或初始爆源附近还有其他爆源时，有可能引发二次爆炸，此时埋地管道将承受多个爆炸载荷，甚至多种爆炸载荷作用，这时管道的力学行为明显区别于单个爆炸载荷的作用。

## 12.5.1　数值计算模型

多点爆炸的随机性较大，因此仅对较简单的两点爆炸进行研究，包括一个地表爆炸载荷和一个地下爆炸载荷，建立数值计算模型如图 12-35 所示。

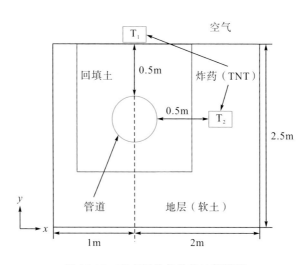

图 12-35　两点爆炸的数值计算模型

## 12.5.2　管道力学行为

图 12-36 为不同时刻管道的应力分布。1079μs 时炸药 $T_1$ 先作用于管道，管道上部出现明显的应力分布；1978μs 时管道上部出现明显凹陷，且应力区沿轴向和

周向扩展；3299μs 时管道上部凹陷增大，右端也开始出现明显凹陷，炸药 $T_2$ 开始作用于管道，管道肩部被两端凹陷挤压变形，上部和肩部出现高应力区；4439μs 时管道凹陷和肩部的挤压变形增大，上部高应力区也开始衰减，但肩部高应力区有所增大；7019μs 和 12779μs 时管道变形缓慢增大，应力区逐渐向管道中心收缩，管道底部的应力明显增大，上部和肩部的高应力区逐渐减小；65002μs 时管道出现回弹，应力区向管道中心略有收缩，肩部靠近截面边缘位置有高应力分布。

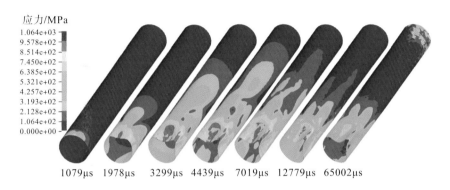

图 12-36　两点同时爆炸时管道的应力分布

图 12-37 为不同时刻管道的塑性应变分布。2040μs 时管道上部和肩部出现明显的塑性应变，这主要是炸药 $T_1$ 作用；3120μs 时管道上部和肩部的塑性应变区快速扩大；5820μs 时管道上部的塑性应变区沿轴向和周向扩大，管道肩部和右端的塑性应变区主要沿轴向延伸；8099μs 和 13379μs 时局部应变值增大；26699μs 和 65002μs 时管道的塑性应变区基本不变，但管道右肩部靠近截面边缘位置出现了高塑性应变。

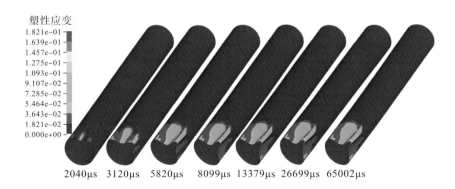

图 12-37　两点同时爆炸时管道的塑性应变分布

图 12-38 为不同时刻管道中心横截面变形。炸药 $T_1$ 先作用于管道，在管道上部产生凹陷，使管道底部产生一定位移，2.518ms 之后凹陷曲率逐渐变小；炸药 $T_2$ 后作用于管道，使其右端出现凹陷，且管道左端产生较大位移， 2.518ms 之后管道右端凹陷由平直形逐渐变为拱形，凹陷尺寸相对较大；管道上部和右端凹陷不断挤压管道肩部，使肩部出现较大凸起。

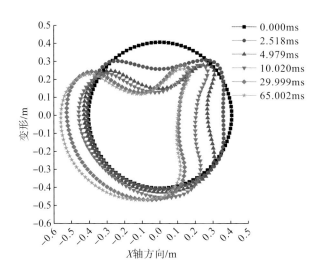

图 12-38　两点同时爆炸时的管道横截面变形

图 12-39 为管道中心截面的变化。10ms 前，炸药 $T_1$ 和 $T_2$ 同时爆炸，但由于炸药量和传播路径不同，二者先后作用于管道上，使管道产生较大凹陷，管道截面积快速减小。然后由于管道局部受爆炸波作用和管道回弹的影响，管道截面积在小范围内发生变化，25ms 左右截面积减少率达到最大值(约 28%)，最后管道开始回弹，截面积缓慢增大。

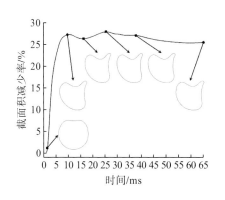

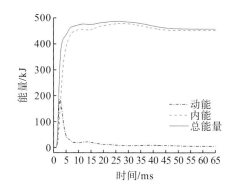

图 12-39　两点同时爆炸时管道截面积变化　　图 12-40　两点同时爆炸时管道能量变化

图 12-40 为管道的能量时间历程。管道动能在 1ms 左右开始快速增大，3ms 左右达到最大值，此时管道的动能和内能相差不大，然后管道动能快速减小；5ms 后，管道动能缓慢减小，此时动能远小于内能；管道内能 10ms 前快速增大，然后缓慢增大，27ms 左右达到最大值后缓慢减小。总能量曲线的变化与内能曲线的变化类似，只是总能量曲线的位置略高于内能曲线。

# 第 13 章　地表压载区埋地管道力学行为

## 13.1　压载区管道力学行为

假设地面压载区域为矩形，载荷均匀分布。回填土厚度为 1m，地表载荷区域为 1.5m×0.8m，管道直径为 660mm，壁厚为 8mm，内压为 1MPa。管材为 X65，回填土的弹性模量为 20MPa，泊松比为 0.3，密度为 1840kg/m³，黏聚力为 15kPa，内摩擦角为 15°。对于软土地层，假定地层土体参数与回填土相同；对于硬岩地层工况，假定地层为石灰岩。

图 13-1 为管道的应力分布对比图，随着地表载荷的增大，管道高应力区和最大等效应力均逐渐增大。在相同地表载荷作用下，软土地层中埋地管道的高应力区范围比硬岩地层中大，且最大应力较高。这是由于硬岩地层变形较小，管沟限制了回填土的运动，所以增强了回填土的抗载能力。因此，在相同地表载荷作用下，软土地层中的埋地管道比硬岩地层更易发生失效。

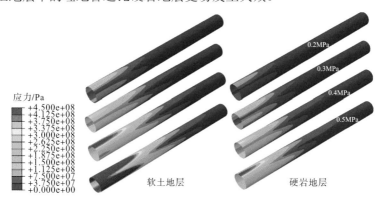

图 13-1　软硬地层中埋地管道的应力

地表载荷作用下，管道横截面由圆形变为椭圆形。因此，采用椭圆度来描述管道截面形状变化。当地表载荷分别为 0.3MPa、0.4MPa 和 0.5MPa 时，软土地层中埋地管道的椭圆度分别为 19.4%、8.2% 和 5.0%，而硬岩地层中埋地管道的椭圆度分别为 7.2%、4.8% 和 3.0%。可见，硬岩地层中管道椭圆度较小，表明管道在硬岩地层中比软土地层更安全。

# 13.2　参　数　分　析

## 13.2.1　地表载荷

图 13-2 为不同载荷作用下埋地管道的应力应变分布。管道应力主要集中于地表压载作用区正下方的管顶部，离压载区距离越远管道应力越小。随着地表压载增大，管道应力逐渐增大，高应力区范围逐渐扩大，且高应力区呈椭圆形。当地表载荷达到 0.7MPa 时，管道左右两侧出现应力集中，随着地表压载增大，管道顶部逐渐出现塑性变形；当地表载荷不超过 0.5MPa 时，管道不发生塑性变形。塑性区域随着压载增大而逐渐扩大，但此阶段管道底部并未发生塑性变形。

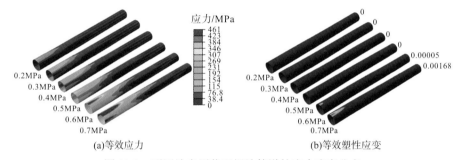

(a)等效应力　　　　　　　　　　　　　(b)等效塑性应变

图 13-2　不同地表压载下埋地管道的应力应变分布

图 13-3 为不同地表载荷作用下的管道椭圆度。当地表载荷为 0.1MPa 时，管道发生椭圆化形变；随着载荷增大，管道椭圆化变形越来越严重；由于管-土模型非线性，所以管道椭圆度与地表载荷并不呈线性增长关系。

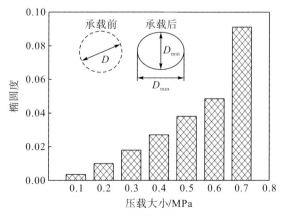

图 13-3　不同地表压载下的管道椭圆度

## 13.2.2 载荷区长度

当矩形压载宽度为 0.8m，载荷为 0.7MPa 时，不同压载长度下的管道应力如图 13-4 所示。当载荷半长为 0.9m 时，高应力区范围最小，且左右两侧未出现高应力区；随着载荷区长度增加，管道的高应力区域沿轴向逐渐扩大；当载荷半长超过 1.5m 后，管道左右两侧的应力集中也随载荷长度的增加趋于显著；当载荷长度小于 1.8m 时，最大塑性应变及塑性变形区域随载荷长度的增加而逐渐增大；当载荷长度为 2.1m 时，虽然最大塑性应变值小于 1.8m 时的工况，但其塑性变形区却更大。

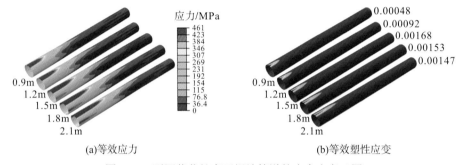

图 13-4    不同载荷长度下埋地管道的应力应变云图

图 13-5 为管道椭圆度随载荷区长度的变化曲线。当载荷分别为 0.3MPa 和 0.5MPa 时，管道椭圆度随载荷区长度的增加而增大，但变化率逐渐降低；当压载为 0.7MPa 时，管道椭圆度呈先上升再下降的趋势；当载荷区长度为 2.1m 时，虽然管道中间截面的椭圆度减小，但其沿轴向方向的变形较长。

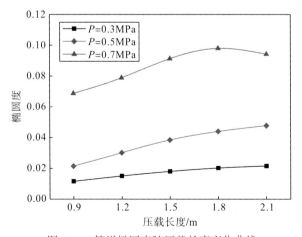

图 13-5    管道椭圆度随压载长度变化曲线

### 13.2.3　回填土弹性模量

图 13-6 为地表载荷为 0.7MPa 时不同回填土层中管道的应力分布。当回填土的弹性模量为 10MPa 时，由于在地表载荷作用下土体会发生较大的相对位移，管道所受附加应力最大，顶部高应力区域范围最大，左右两侧应力集中现象明显。随着回填土弹性模量增大，管道的高应力区逐渐减小，管道两侧的应力集中也逐渐消失。塑性区域和塑性应变随弹性模量的增加而逐渐减小。当回填土的弹性模量为 50MPa 时，管道的等效塑性应变是 10MPa 时的 1/79。

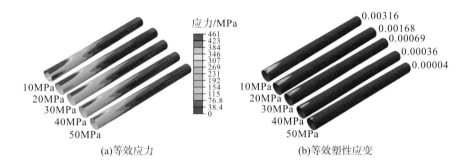

(a)等效应力　　　　　　　　　(b)等效塑性应变

图 13-6　不同回填土弹性模量下管道的应力应变分布

图 13-7 为管道椭圆度随回填土弹性模量变化曲线。埋地管道椭圆度均随土体弹性模量的增加而降低；0.3MPa 和 0.5MPa 两条曲线的变化趋势相近；当压载为0.7MPa 时，管道椭圆度随弹性模量的增加而迅速下降。

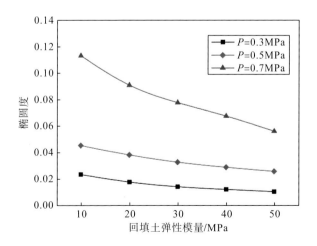

图 13-7　管道椭圆度随回填土弹性模量变化曲线

### 13.2.4   管道内压

不同内压管道的应力应变分布如图 13-8 所示。管道顶部的高应力区域随内压增加而逐渐减小；无压管道顶部发生凹陷，左右两侧与顶部存在高应力区，应力集中明显；无压管道的塑性应变最大，左右两侧均出现塑性变形。当内压为 0～4MPa 时，管道的塑性区及塑性应变随内压的增大而减小，但当内压升至 5MPa 时，其塑性应变却增大，这是由于管道内压与外载的联合作用导致了塑性应变增大。

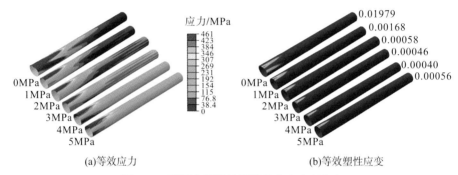

图 13-8    不同内压埋地管道的应力应变分布

图 13-9 为管道椭圆度随内压的变化曲线。管道椭圆度均随内压的增大呈下降趋势，且地表载荷越小椭圆度的变化范围越小。无压管道在 0.7MPa 地表载荷作用下的椭圆度为 0.25，此时发生明显失稳。

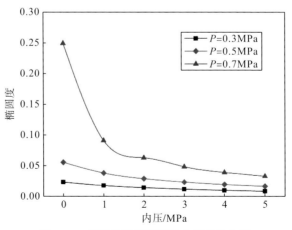

图 13-9    管道椭圆度随管道内压变化曲线

### 13.2.5 管道壁厚

图 13-10 为不同壁厚管道的应力应变分布。当壁厚为 6mm 时，管道应力集中严重；管道顶部的高应力区及最大应力均随壁厚的增加而降低；当壁厚大于 14mm 时，管道不会出现塑性变形；当壁厚为 6~20mm 时，最大塑性应变随壁厚的增加而逐渐降低，且塑性变形的范围也随之减小。

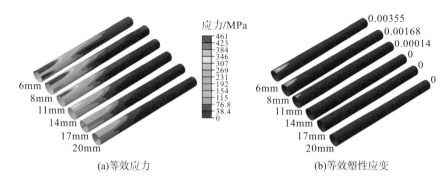

图 13-10　不同壁厚埋地管道的应力应变分布

图 13-11 为管道椭圆度随壁厚的变化曲线。随着壁厚的增加，管道椭圆度逐渐降低。地表载荷越大，管道椭圆度随壁厚的变化率越大。

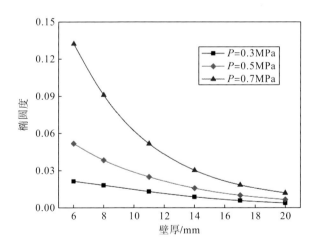

图 13-11　管道椭圆度随壁厚的变化曲线

# 第 14 章　落物冲击下海底管道力学行为

对海底管道安全运行造成威胁的海洋落物常由海上航运、海洋渔业、海上石油天然气钻井平台等第三方活动产生。落物种类可按其几何形状特点分为块状落物及梁式落物两类。将冲击端部直径小于海底管道直径的落物定义为块状落物，将冲击端部直径大于海底管道的落物定义为梁式落物。

## 14.1　块状落物冲击海底管道力学行为

### 14.1.1　几何模型

目前广泛使用的相关规范在涉及海底管道受冲击碰撞问题时大多忽略管土相互作用，设计估算结果偏保守，因此将海底管道与海床土体的相互作用考虑在内，建立块状落物、海底管道及海床土体的数值计算模型，如图 14-1 所示。

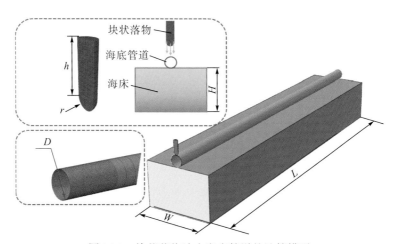

图 14-1　块状落物冲击海底管道的计算模型

冲击端部为球形的柱体块状落物，圆柱体高为 0.5m，球形端部半径为 0.1m，管道直径为 508mm，壁厚为 12.5mm。运用接触罚函数定义海底管道与坠落物、海底管道与海床之间的接触算法[70]。

　　裸置于海床表面的海底管道需面对特殊的工作环境,此时海水压力的影响不容忽视,但目前国内外研究几乎都未考虑这一影响因素。

## 14.1.2　基本假设

　　在役海底管道受块状落物冲击碰撞发生机械损伤的过程异常复杂且容易受外界条件的影响而发生变化,因此提出以下假设:①不考虑管道周围海域内海水流动及热力场的影响;②块状落物作用于管道正上方,且在下落过程中不发生倾斜;③设定海底管道在海平面下的敷设深度不变;④海床表面平坦、无凹坑、无凸包。

## 14.1.3　数值模型对比

　　英国萨里大学 M. Zeinoddini 等利用实验研究了钢管在横向冲击载荷作用下的变形规律及力学性能[71]。建立与实验相同参数的数值计算模型,图 14-2 为数值计算结果与实验结果对比。在冲击块横向载荷作用下,管道数值计算模型顶部凹陷的变形规律与实验结果中试件顶部的变形规律相同。

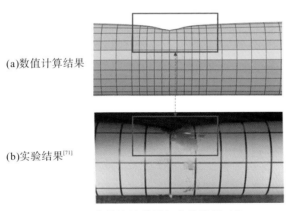

(a)数值计算结果

(b)实验结果[71]

图 14-2　数值计算结果与实验结果对比

## 14.1.4　计算结果

　　裸置于海床表面的管道受块状落物冲击过程中,各部分能量随时间的变化曲线图如图 14-3 所示。为简化海底管道所处海洋环境的复杂程度,假设初始状态中海底管道及海床土体均未吸收任何形式能量。块状落物冲击海底管道前,系统总能量主要是下落过程中块状落物所积累的动能。随着块状落物冲击海底管道过程的进行，块状落物的动能快速降低为零，管道吸收的能量快速升至最高。块状落物冲击海底管道的时间较短，当动能降低为零后，块状落物反弹获得动能，但此时块状落物动能仅为初始动能的 4.326%。海床土体的内能在块状落物冲击海底管道过程末端(0.008s)之前未发生变化，0.008～0.02s 过程中海床土体的内能呈缓慢升高的态势，0.02s 后海床土体的内能趋于稳定，仅有小幅波动。当块状落物冲击海底管道结束时，管道所吸收的内能最高，占系统总能量的大部分。海床所吸收的内能虽然较小，但其对研究可靠性及精确性起着至关重要的作用，不可忽视。

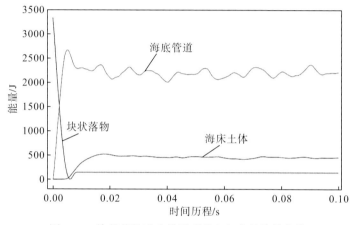

图 14-3　块状落物冲击模型系统各部分的能量变化

当块状落物的最大冲击速度为 9.228m/s 时，管道所受冲击力随时间的变化历程及冲击后管道的应力分布如图 14-4 所示。冲击前期，海底管道所受冲击力迅速升高，在冲击力升高的过程中出现两次明显波动。当冲击力达到顶点后快速降低，并在 0.008s 后完全消失，冲击作用结束。

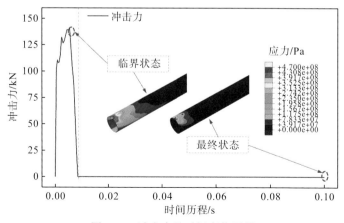

图 14-4　冲击力随时间变化历程

定义块状落物在冲击过程中冲击速度降低为零时为临界状态,分析结束时为最终状态。临界状态:海底管道顶部及左右两侧发生应力集中,凹坑及高应力区主要出现在管顶,且管道底部出现应力集中。最终状态:应力集中区面积大幅缩小且未沿轴向大幅扩展。高应力区出现在管顶直接受冲击处,但由于管道内压的作用,顶部凹痕减弱。

## 14.1.5　敷设条件影响

### 1. 地基的影响

广袤的海洋占地球总面积的 71%,海底地质结构复杂多变,不同海域的海床土体具有不同的特性[72]。当管道内外压均为 1MPa 时,置于不同地基的海底管道所受冲击力随时间的变化曲线如图 14-5 所示。当块状落物从自由下落至冲击到管顶的短时间内,管道所受冲击力快速升至最高值,然后迅速降低为零,冲击过程结束。由于刚性地基和硬岩地基的硬度大,所以管道因冲击引起的运动较剧烈,而块状落物撞击管道后的反弹速度低,二者将发生二次碰撞。使置于刚性地基及硬岩地基的海底管道受冲击的过程长于置于软土地基及沙土地基。

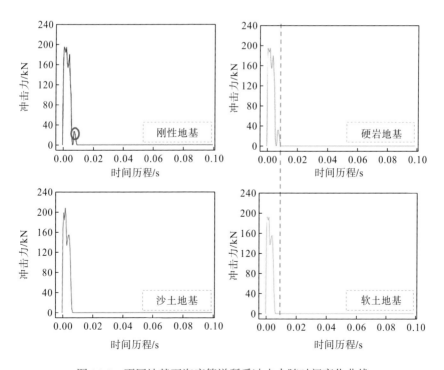

图 14-5　不同地基下海底管道所受冲击力随时间变化曲线

　　图 14-6 为不同地基下的管道应力分布。当海底管道置于沙土地基时，管道由冲击变形产生的应力集中程度最低，但高应力区面积略大于置于软土地基。刚性地基及硬岩地基形变小，无法缓冲大量由物体下落造成的冲击能，所以海底管道不仅与块状落物发生碰撞，而且与地基发生碰撞，因此管道底部及两侧易产生应力集中。

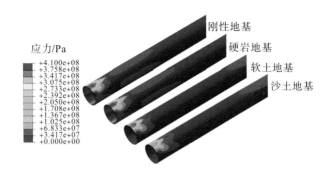

图 14-6　不同地基下海底管道等效应力分布

　　图 14-7 为不同地基下海底管道的等效塑性应变分布。当其他条件均相同时，置于不同地基的海底管道受块状落物冲击碰撞后，块状落物作用下方管顶均发生塑性变形，且分布规律相近。

图 14-7　不同地基下海底管道的等效塑性应变分布

　　如图 14-8 所示，当管道置于沙土地基时，块状落物直接作用区的凹陷率最大。当地基为刚性和硬岩时，冲击处的凹陷率低于海床及软土地基；刚性和硬岩地基工况下远离冲击区的管道凹陷率迅速降低为零，且由于地基的阻碍作用，海底管道冲击区的变形对冲击区域造成挤压扩张，凹陷率呈负数增长。不同地基条件下，海底管道受冲击处横截面变形状态相似。

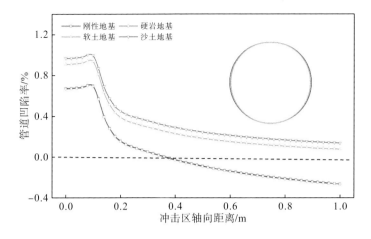

图 14-8 不同地基下海底管道的凹陷率及横截面变形

## 2. 敷设方式的影响

常见的铺管技术有卷管式铺管法、J 型铺管法和 S 型铺管法[73]。海底管道在实际设计、施工过程中还需考虑是否需要进行海床开沟作业。开沟作业的主要作用是埋设不宜裸置的海底管道并精确控制管道敷设位置、防止海底管道因海流等因素的移位。如图 14-9 所示,常见的海底管道敷设方式有不需要开沟做作业的裸置敷设、需要开沟作业的半埋敷设和全埋敷设。

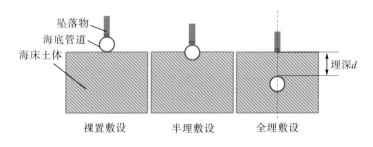

图 14-9 不同敷设方式示意图

不同敷设方式下管道应力分布如图 14-10 所示。采用全埋方式敷设的海底管道埋深为 0.2m。半埋敷设时,海底管道下半部埋于海床中,能有效降低管道移位可能,但由于下部周围土壤阻碍了管道受冲击后的变形,其等效应力值为三种敷设工况中最高。采用全埋敷设方式时,管道上部被覆土掩埋,覆土在块状落物冲击过程中可起到缓冲作用,因此该工况下海底管道的等效应力值最低。裸置敷设及半埋敷设时,高应力区集中在管道顶部,全埋海底管道高应力区出现在管道左右两侧及管顶距端口边缘一定距离处。

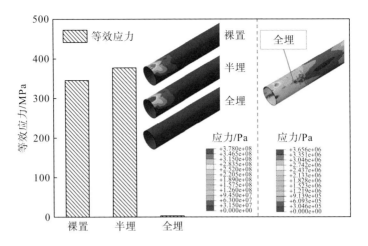

图 14-10　不同敷设方式下海底管道应力分布

如图 14-11 所示，全埋敷设管道上方覆土能在管道使用过程中起保护作用，虽受块状落物冲击但并未发生塑性变形，管道完整性良好；裸置敷设或半埋敷设时，管道顶部受冲击区域均发生塑性变形。

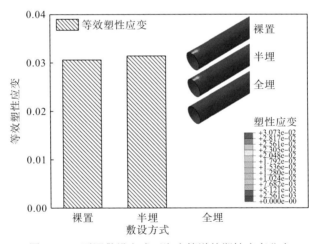

图 14-11　不同敷设方式下海底管道的塑性应变分布

在冲击过程中，系统中各部分能量发生转换，管道吸收块状落物一部分能量并转化为内能。图 14-12 为不同敷设条件下海底管道吸收能量占比及最大凹陷率。当采用全埋敷设时，管道吸收能量占比最小，采用裸置敷设时管道吸收能量占比最高。由于没有防护措施，裸置敷设的海底管道在受冲击变形后，变形区域最大凹陷率为三者中最高值。

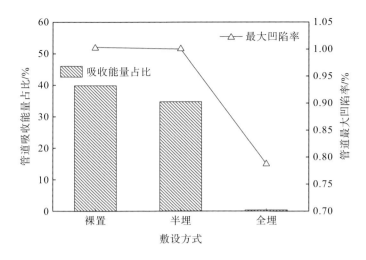

图 14-12　不同敷设条件下管道吸收能量占比及最大凹陷率

## 14.1.6　块状落物冲击速度影响

图 14-13 为不同冲击速度下海底管道的应力分布。由于块状落物冲击作用区位于管道顶部，因此高应力区主要出现在管顶。随块状落物冲击速度的加快，应力集中程度愈发严重。高应力区面积逐渐增大，不仅从管顶向管道左右两侧扩展，而且沿轴向迅速扩展。当块状落物冲击速度大于 10m/s 时，管顶出现明显凹坑，且高应力区集中于凹坑中部，凹坑边缘处有少许应力集中区域。当块状落物冲击速度达到 14m/s 时，管道底部出现应力集中。

图 14-13　不同冲击速度下海底管道等效应力分布

如图 14-14 所示，管道塑性应变随冲击速度的增加而增加；当冲击速度小于 10m/s 时，管道的塑性应变随速度的增加而快速升高，但当冲击速度大于 12m/s 时，增长率明显降低。

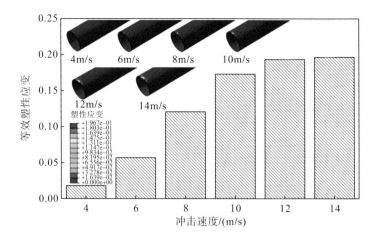

图 14-14　不同冲击速度下海底管道的塑性应变分布

如图 14-15 所示，当块状落物冲击速度小于 10m/s 时，管道所受最大冲击力及吸收能量占比随冲击速度的升高而迅速增加，但由于管道能量吸收能力的限制，当块状落物冲击速度高于 12m/s 后，管道几乎不再吸收更多能量。海底管道所受最大冲击力在冲击速度大于 10m/s 后，增加率逐渐降低。

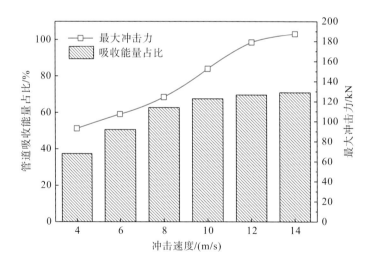

图 14-15　不同冲击速度下海底管道所受最大冲击力及能量吸收占比

### 14.1.7　块状落物端部形状影响

图 14-16 为棱柱形端部、圆柱形端部、圆锥形端部、球形端部块状落物模型。设定四种端部形状的块状落物具有相同的体积及挡水面积。

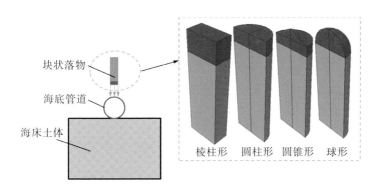

图 14-16　不同端部形状块状落物示意图

如图 14-17 所示，圆锥形块状落物冲击管顶的过程中，冲击作用集中度高、压强大，管顶出现明显凹坑，高应力区在凹坑内部呈 m 形分布；棱柱形及圆柱形端部块状落物的冲击作用面积相对较大，管顶变形小，应力集中程度相对较低，未出现明显凹坑；当球形端部块状落物冲击管道时，管顶发生较浅凹陷，高应力区出现于凹坑内部。

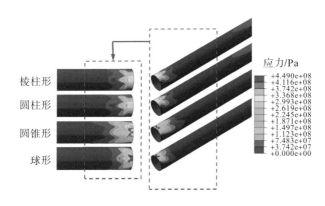

图 14-17　不同端部形状块状落物冲击下海底管道的等效应力分布

如图 14-18 所示，当圆锥形端部块状落物冲击管道顶部时，管道的横截面变形最为严重，直接作用区域的凹陷率远大于其余三种形状，凹坑以尖角形向管道横截面中心延伸。当圆柱形及棱柱形块状落物冲击海底管道时，管顶凹坑底部较为平坦，冲击区域的凹陷率变化不大。无论何种形状，凹陷率均随冲击区域轴向距离的增加而降低。

如图 14-19 所示，当圆柱形块状落物冲击海底管道时，管道所受最大冲击力最大，此工况与棱柱形块状落物相近。管道在冲击过程中所受最大冲击力在圆锥形块状落物冲击管顶时仅为圆柱形块状落物冲击的 32.95%。球形端部块状落物冲击海底管道时，管道最终状态吸收能量占比最高，但与圆锥形块状落物冲击时相近。

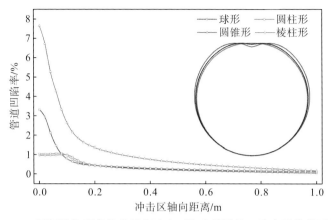

图 14-18    不同端部形状块状落物冲击下海底管道的凹陷率及横截面变形

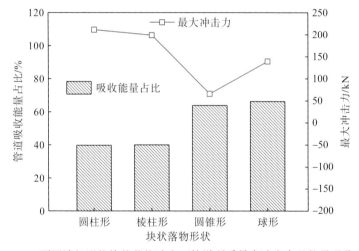

图 14-19    不同端部形状块状落物冲击下管道所受最大冲击力及能量吸收占比

## 14.2    梁式落物冲击海底管道力学行为

### 14.2.1    数值计算模型

建立梁式落物冲击海底管道模型如图 14-20 所示。梁式落物长为 2m、宽为 0.4m、高为 0.2m。设定此模型海底管道位于距海平面 100m 深的平坦海床上，且梁式落物在海洋中的下落不受海流作用，经计算可得下落速度为 5.482m/s。

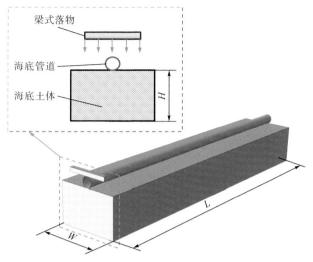

图 14-20　管-土-梁式落物的数值模型

图 14-21 为各部分能量随时间变化图。冲击初始时，总能量主要是梁式落物的动能；随着冲击过程的进行，梁式落物的动能迅速降低为零；0.02s 之前，管道内能的增长速度明显高于海床内能，且冲击最开始一段时间内海床的内能未发生变化，冲击能量均由管道吸收。由于管道及海床的变形和弹性，梁式落物在 0.02s 后发生反弹。从 0.018s 开始，海底管道内能出现下降趋势。海床吸收能量的时间较长，持续到 0.04s 左右。0.04s 后，系统各部分能量不再发生较大变化。终了时，海床土体所吸收能量占据了系统总能量的大部分，因此在研究海底管道遭受梁式落物冲击损伤机理时必须考虑管土耦合作用。

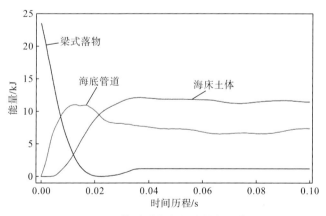

图 14-21　模型系统各部分的能量变化

### 14.2.2 梁式落物形状影响

图 14-22 为箱形、圆柱形和三棱柱形梁式落物的模型。

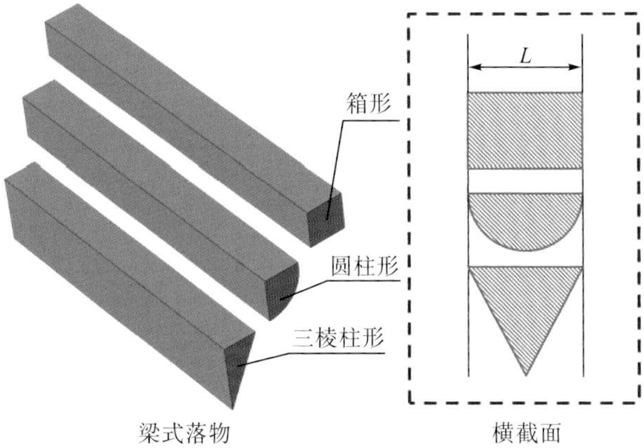


图 14-22 不同形状的梁式落物示意图

如图 14-23 所示，由于三棱柱形梁式落物与管顶的接触面积有限，管道应力集中区主要位于接触处，凹坑边缘左右位置也出现两处较为严重的应力集中。当梁式落物为箱形时，应力集中主要发生在顶部。由于箱形梁式落物冲击接触面积为三者中最大，其对海底管道造成的损伤并不如三棱柱形梁式落物及圆柱形梁式落物严重。

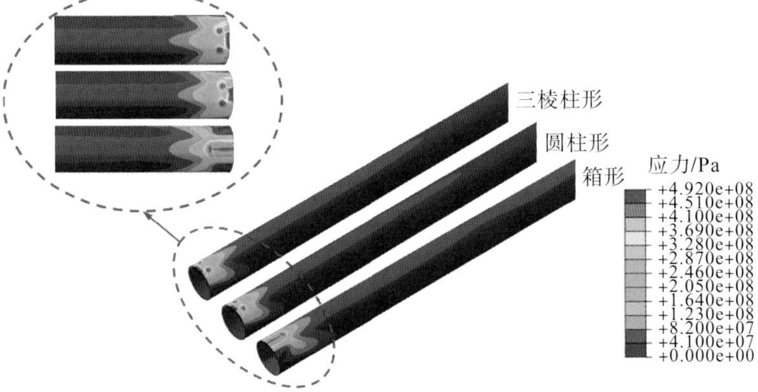


图 14-23 不同形状梁式落物冲击下管道应力分布

如图 14-24 所示，最大塑性应变发生在受三棱柱形梁式落物冲击的接触处。三棱柱形及圆柱形梁式落物对管道造成的塑性应变呈"驼峰"形分布；当梁式落物为箱形时，管顶的塑性应变沿轴向呈"一"字形分布，且其塑性应变值最低。

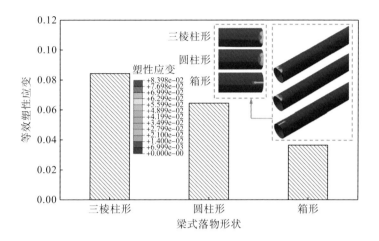

图 14-24　不同形状梁式落物冲击下管道的塑性应变

如图 14-25 所示，当箱形梁式落物冲击海底管道时，管道所吸收的能量占比相较于其他两种形状最小；当受三棱柱形梁式落物冲击时，管道所吸收能量占比最大，而所受最大冲击力最小。

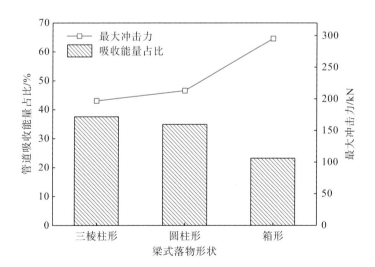

图 14-25　不同形状梁式落物冲击下管道所受最大冲击力及能量吸收占比

### 14.2.3 梁式落物交错冲击影响

如图 14-26 所示为梁式落物冲击交错角示意图，将梁式落物轴线与海底管道轴线之间形成的夹角定义为冲击交错角 $\alpha$。冲击交错角 $\alpha$ 的范围为 $0°\sim90°$。

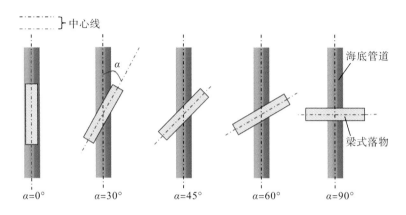

图 14-26　梁式落物冲击交错角示意图

如图 14-27 所示，随着冲击交错角的增大，管顶高应力区沿轴向分布范围逐渐缩短，应力集中程度逐渐增加；当 $30°\leqslant\alpha\leqslant45°$ 时，管道下部应力也逐渐增大；无论冲击交错角如何变化，管道的应力集中总是发生于管顶。

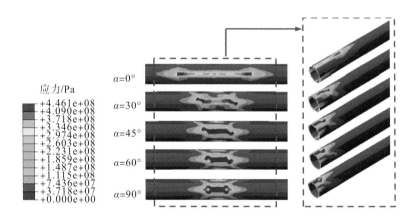

图 14-27　不同冲击交错角下海底管道的应力分布

如图 14-28 所示，当 $\alpha\leqslant45°$ 时，管道的塑性应变随冲击交错角的增大而增大；当 $\alpha\geqslant45°$ 时，管道塑性应变随冲击交错角的增大而下降；最大等效塑性应变值出现在 45° 处。由于 $\alpha=0°$ 时管道与梁式落物之间的冲击接触面积最大,此时管道塑性变形的严重程度最低,塑性应变呈细长的"一"字形。

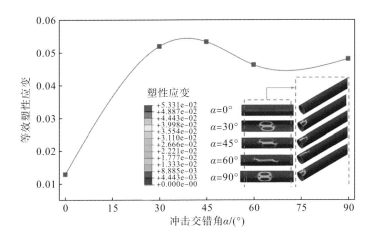

图 14-28　不同冲击交错角下管道的塑性应变

如图 14-29 所示,当冲击交错角为 0° 时,管道整个冲击区域($-1\sim1m$)的凹陷率基本相同;随着冲击交错角的增大,冲击区凹坑的轴向长度逐渐缩短。从凹陷率曲线可以推断,在相同冲击能量作用下,凹坑的轴向长度随凹坑深度的增加而减小。

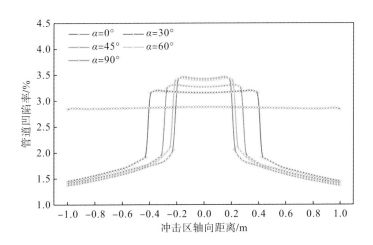

图 14-29　不同冲击交错角下海底管道的凹陷率

如图 14-30 所示,当冲击交错角为 0° 时,管道吸收能量占比最低,但其所受的最大冲击力最大;当冲击交错角为 90° 时,其管道吸收能量占比最高,达到 16.97%。

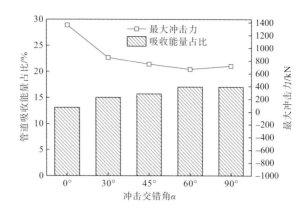

图 14-30　不同冲击交错角下管道所受最大冲击力及吸收能量占比

# 14.3　受冲击海底管道的压溃失效机理

当外部静水压力超过管道的承载能力时，管道将发生局部屈曲或压溃失效。受落物冲击后的海底管道发生机械损伤，产生局部凹陷，降低了其抵抗压溃失效能力。在管道几何结构缺陷及外部载荷的联合作用下，凹陷管道发生压溃失效的概率非常大且可能引起大范围的屈曲传播。海底管道一旦发生压溃失效，不仅其承载能力和使用寿命大幅降低，而且由于修复效率较低，压溃失效严重时将导致难以挽回的生态灾难及巨大的经济损失。

海底管道在梁式落物冲击作用下的压溃失效过程如图 14-31 所示，整个冲击压溃过程分为 5 个阶段。

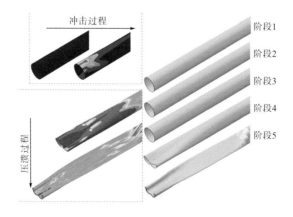

图 14-31　梁式落物冲击海底管道的压溃过程

　　阶段 1：冲击前，海底管道结构完整承担输送工作。

　　阶段 2：梁式落物冲击后造成受冲击区凹陷变形，高应力区主要集中于管顶且分布区域较大，削弱了管道抵抗屈曲压溃的能力。

　　阶段 3：顶部凹陷的海底管道在静水压作用下发生变形。

　　阶段 4：管道截面出现大形变，管道应力集中严重且高应力区沿管道轴向大范围扩展。

　　阶段 5：海底管道被彻底压溃，且迅速发生屈曲压溃的传播现象。

　　如图 14-32 所示，在冲击过程中管顶发生凹陷，凹坑底部平整。阶段 3，在外压作用下的横截面形状接近椭圆形，随着外部静水压力的加大，管道横截面在阶段 4 时沿短轴方向出现压缩变形，管道顶部出现 V 形凹坑，管道底部向中心凸起，整体形状呈蝴蝶形。阶段 5，管道处于压溃状态，横截面被完全压瘪，面积大幅缩小，管道侧边区域向上翘起。

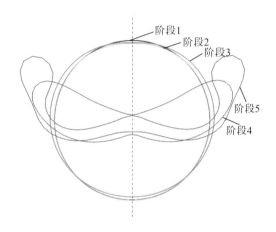

图 14-32　梁式落物冲击海底管道压溃过程的横截面形状

# 参 考 文 献

[1] 王滨. 断层作用下埋地钢质管道反应分析方法研究[D]. 大连：大连理工大学, 2011.

[2] 高鹏, 高振宇, 刘广仁. 2019 年中国油气管道建设新进展[J]. 国际石油经济, 2020, 28(3):52,58.

[3] 骆宋洋. 天然气集输管道弯头冲刷磨损实验研究[D]. 成都：西南石油大学, 2017.

[4] 戴巧红, 舒丽娜, 潘霞青, 等. 油气长输管道腐蚀与防护研究进展[J]. 金属热处理, 2019, 44(12):198-204.

[5] 崔虹, 宋花平, 何建. 大气环境下野战输油管道的腐蚀[J]. 油气储运, 2001(01):25-26,57-5.

[6] 熊丹, 赵杰, 顾艳红, 等. 长输油气高强管线钢的腐蚀研究进展[J]. 腐蚀科学与防护技术,2017,29(04):443-450.

[7] 赵忠刚, 姚安林, 赵学芬, 等. 长输管道地质灾害的类型、防控措施和预测方法[J]. 石油工程建设, 2006, 32(1):7-12.

[8] 帅健, 王晓霖, 左尚志. 地质灾害作用下管道的破坏行为与防护对策[J]. 焊管, 2008, 31(5):9-15.

[9] 庞伟军, 邓清禄. 地质灾害对输气管道的危害及防护措施[J]. 中国地质灾害与防治学报, 2014, 25(3):114-120.

[10] 李效萌, 刘廷, 黄志强. 中缅油气管道安顺—贵阳段地质灾害类型及其成因分析[J]. 安全与环境工程, 2012, 19(3):11-14.

[11] 苏培东, 罗倩, 姚安林, 等. 西气东输管道沿线地质灾害特征研究[J]. 地质灾害与环境保护, 2009, 20(2):25-28.

[12] 钟威, 高剑锋. 油气管道典型地质灾害危险性评价[J]. 油气储运, 2015, 34(9):934-938.

[13] Ha D, Abdoun T H , O'Rourke M J , et al. Centrifuge modeling of earthquake effects on buried high density Polyethylene（HDPE）pipelines crossing fault zones[J]. Journal of Geotechnical and Geoenvironmental Engineering, 2008, 134(10):1501-1515.

[14] 刘爱文. 基于壳模型的埋地管线抗震分析[D]. 北京:中国地震局地球物理研究所, 2002.

[15] 毛建猛, 李鸿晶.跨越断层地下管线震害因素分析[J]. 国际地震动态, 2005, (4): 27-31.

[16] 王联伟. 几种在役管道典型地质灾害评价方法研究[D]. 北京:北京科技大学, 2014.

[17] 荆宏远. 落石冲击下浅埋管道动力学响应分析与模拟[D]. 武汉:中国地质大学, 2007.

[18] 王东源, 赵宇, 王成华. 阳坝落石对输油管道的冲击分析[J]. 自然灾害学报, 2013, 22(3): 229-235.

[19] 中国石油天然气管道工程有限公司. 中缅油气管道(国内段)地质灾害防治研究报告, 2011GJTC-05-01[R]. 廊坊:中国石油天然气管道工程有限公司, 2013.

[20] 王晓霖. 典型不良地质条件下埋地管道安全评定方法研究[D]. 北京:中国石油大学, 2009.

[21] 金伟良, 张恩勇, 邵剑文, 等. 海底管道失效原因分析及其对策[J]. 科技通报, 2004, 20(6):529-533.

[22] 冯耀荣, 王新虎, 赵冬岩. 油气输送管失效事故的调查与分析[J]. 中国海上油气, 1999, 11(5):11-14.

[23] 方娜, 陈国明, 朱红卫, 等. 海底管道泄漏事故统计分析[J]. 油气储运, 2014, 33(1):99-103.

[24] 张智勇, 沈荣瀛, 王强. 充液管道系统的模态分析[J]. 固体力学学报, 2001,22(2):143-149.

[25] Jaeger C.The theory of resonance in hydropower systems, discussion of incidents and accidents ocuring in pressure systems [J]. ASME Journal of Basic Engineering,1963,( 85) : 631-640.

[26] 付永领, 荆慧强. 弯管转角对液压管道振动特性影响分析[J]. 振动与冲击,2013,32(13):165-169.

[27] 许伟伟, 武博, 吴大转, 等. 非稳定流体与 U 形管路耦合振动特性研究[J].高校化学工程学报, 2012,26(5):770-774.

[28] Newmark N M, Hall W J. Pipeline design to resist large fault displacement[C]. Proceedings of US Conference on Earthquake Engineering, Ann Arbor, Michigan, 1975:416-425.

[29] Vazouras P, Karamanos S A, Dakoulas P. Finite element analysis of buried steel pipelines under strinke-slip displacements[J]. Soil Dynamic and Earthquake Engineering, 2010, 30(11):1361-1376.

[30] 王树丰, 殷跃平, 门玉明. 黄土滑坡微型桩抗滑作用现场试验与数值模拟[J]. 水文地质与工程, 2010, 37(6):22-26.

[31] GB/T 50470-2017, 油气输送管道线路工程抗震技术规范[S].北京:中国计划出版社, 2017.

[32] 张杰, 梁政, 韩传军, 等.落石冲击作用下架设油气管道响应分析[J]. 中国安全生产科学技术, 2015, 11(7):11-17.

[33] 杨超. 城市供水管网震害评估研究[D]. 杭州: 浙江大学, 2011.

[34] 姜华. 埋地管道在地震波作用下的响应分析[D].武汉: 华中科技大学, 2011.

[35] 中华人民共和国建设部, 中华人民共和国国家质量监督检验检疫总局. 室外给水排水和燃气热力工程抗震设计规范: GB 50032—2003[S]. 北京: 中国建筑工业出版社, 2003.

[36] 黄忠邦, 高海, 项忠权. 埋地管线在均匀和非均匀土介质中的地震反应[J]. 天津大学学报,1995(1): 55-60.

[37] 李杰. 生命线工程抗震:基础理论与应用[M]. 北京:科学出版社, 2005.

[38] 杜修力. 工程波动理论与方法[M]. 北京:科学出版社, 2009.

[39] 何建涛, 马怀发, 张伯艳, 等. 黏弹性人工边界地震动输入方法及实现[J]. 水利学报, 2010,41(8): 960-969.

[40] 陈宝魁, 王东升, 成虎. 黏弹性人工边界在地震工程中应用研究综述[J]. 地震研究, 2016,39(1): 137-142.

[41] 刘晶波, 杜义欣, 闫秋实. 黏弹性人工边界及地震动输入在通用有限元软件中的实现[C]. 第三届全国防震减灾工程学术研讨会. 中国江苏南京, 2007.

[42] 陈厚群. 坝址地震动输入机制探讨[J]. 水利学报, 2006, 12: 1417-1423.

[43] 杜修力, 赵密. 基于黏弹性边界的拱坝地震反应分析方法[J]. 水利学报, 2006, 9: 1063-1069.

[44] 许紫刚, 杜修力, 许成顺, 等. 地下结构地震反应分析中场地瑞利阻尼构建方法比较研究[J]. 岩土学, 2019, 40(12): 4838-4847.

[45] Zhang J, Xiao Y, Liang Z. Mechanical behaviors and failure mechanisms of buried polyethylene pipes crossing active strike-slip faults[J]. Composites Part B: Engineering, 2018, 154: 449-466.

[46] 戴文亭, 陈星, 张弘强. 黏性土的动力特性实验及数值模拟[J]. 吉林大学学报(地球科学版), 2008, 5: 831-836.

[47] 高峰, 赵冯兵. 地下结构静-动力分析中的人工边界转换方法研究[J]. 振动与冲击,2011, 30(11): 165-170.

[48] 黄胜. 高烈度地震下隧道破坏机制及抗震研究[D]. 中国科学院研究生院(武汉岩土力学研究所), 2010.

[49] Li L L,Yuan F, Guo Z. Numerical prediction of landslide impact on submarine pipelines[C]// Geotechnical

Engineering for Disaster Mitigation and Rehabiliation, Singapore: World Scietific Publ CO PTE LTD, 2011.

[50] 谢强,王雄,张建华,等. 不同滑坡形式下埋地管的纵向受力分析[J]. 地下空间与工程学报,2012, 8(03): 505-510.

[51] Wang Y C, Dai X H, Bailey C G. An Experimental study of relative structural fire behaviour and robustness of different types of steel joint in restrained steel frames[J]. Journal of Constructional Steel Research, 2011, 67(7): 1149-1163.

[52] Colton J D, Chang P H P, Lindberg H E. Measurement of dynamic soil-pipe axial interaction for full-scale buried pipelines[J]. International Journal of Soil Dynamics & Earthquake Engineering, 1982, 1(4): 183-188.

[53] White D J, Cheuk C Y. Modelling the soil resistance on seabed pipelines during large cycles of lateral movement[J]. Marine Structures, 2008, 21(1):59-79.

[54] 夏梦莹、张宏、吴锴, 等. 海底管道后挖沟过程的应力解析分析方法[J]. 石油管材与仪器,2017(06): 41-43.

[55] Bruton D J, White D D, Bolton M. Pipe-Soil interaction behavior during lateral buckling[J]. A Journal of Research & Treatment, 2006, 21(1): 57-75.

[56] Randolph M F, Seo D, White D J. Parametric solutions for slide impact on pipelines[J]. Journal of Geotechnical and Geoenvironmental Engineering, 2010, 136(7): 940-949.

[57] Sun D. A regularization Newton method for solving nonlinear complementarity problems[J]. Applied Mathematics and Optimization, 1999, 40(3): 315-339.

[58] Deuflhard P. A modified Newton method for the solution of ill-condtioned systems of nonlinear equations with applications to multiple shooting[J]. Numerische Mathematick, 1974, 22(4): 289-315.

[59] 喻健良, 秦磊. 受内部冲击弯管的破裂失效研究[J]. 振动与冲击,2010, 29(10):228-231.

[60] Firouzsalari S E, Showkati H. Thorough investigation of continuously supported pipelines under combined pre-compression and denting loads[J]. International Journal of Pressure Vessels and Piping, 2013, 104: 83-95.

[61] Ellinas C P, Walker A C. Damage on offshore tubular bracing members[J]. International Association of Bridges and Structural Engineering, 1985,42(1):253-261.

[62] Ong L S, Lu G. Collapse of tubular beams loaded by a wedge-shaped indenter[J]. Experimental Mechanics, 1996,36(4):374-378.

[63] 李裕春, 时党勇, 赵远. ANSYS11.0/LS-DYNA 基础理论与工程实践[M]. 北京:中国水利出版社,2008.

[64] 徐英儒. 考虑多相耦合埋地管道结构爆炸响应数值分析[D]. 沈阳: 沈阳建筑大学,2013.

[65] 时党勇, 李裕春, 张胜民. 基于 ANSYS/LS-DYNA 8.1 进行显式动力分析[M]. 北京：清华大学出版社,2005.

[66] 张智超, 刘汉龙, 陈育民, 等. 触地爆炸土体弹坑的多物质 ALE 法分析[J]. 解放军理工大学学报: 自然科学版, 2013 ,14(1): 69-74.

[67] 陈同军. 炸药埋深及炸药量对土中爆炸效应影响规律的数值模拟研究[D]. 长沙: 国防科学技术大学,2010.

[68] 刘志侠, 杨越. 爆炸荷载作用下钢柱的动力反应分析[J]. 工业建筑, 2014, 572-574.

[69] 梁政, 张澜, 张杰. 地面爆炸载荷下埋地管道动力响应分析[J]. 安全与环境学报,2016, 16(3): 158-163.

[70] 韩传军, 张瀚, 张杰, 等. 地表载荷对硬岩区埋地管道应力应变影响分析[J]. 中国安全生产科学技术, 2015, 11(7):23-29.

[71] Zeinoddini M, Parke G A R, Harding J E. Interface Forces in Laterally Impacted Steel Tubes[J]. Experimental

Mechanics, 2008, 48(3):265-280.

[72] 蒲进菁. 粉砂质海床对管跨涡激振动响应的研究[D]. 青岛：中国海洋大学，2012

[73] 汪志钢. 深海铺设油气管道的非线性受力分析[D]. 广州：华南理工大学, 2015.

# 编 后 记

　　"博士后文库"是汇集自然科学领域博士后研究人员优秀学术成果的系列丛书。"博士后文库"致力于打造专属于博士后学术创新的旗舰品牌，营造博士后百花齐放的学术氛围，提升博士后优秀成果的学术影响力和社会影响力。

　　"博士后文库"出版资助工作开展以来，得到了全国博士后管委会办公室、中国博士后科学基金会、中国科学院、科学出版社等有关单位领导的大力支持，众多热心博士后事业的专家学者给予积极的建议，工作人员做了大量艰苦细致的工作。在此，我们一并表示感谢！

"博士后文库"编委会